Mindestens

Konservieren und

haltbar

Bevorraten in

bis ...

Glasgefäßen

Astrid Bergmeister

Fotografien von
Martin Holtappels

Klartext

Schriften Band 20

Landschaftsverband Westfalen-Lippe
Westfälisches Industriemuseum

Impressum

Herausgegeben
im Auftrag des Landschaftsverbandes Westfalen-Lippe, Westfälisches Industriemuseum
von Astrid Bergmeister

Wissenschaftliche Beratung
Historische Konservierungstechnik
Dr. Kirsten Schlegel-Matthies,
Westfälische Wilhelms-Universität Münster

Aktuelle Konservierungstechnik
Sven Mahlow,
Zamek Nahrungsmittelfabriken GmbH & CoKG, Düsseldorf

Technik der Glasherstellung
Michael Funk, Westfälisches Industriemuseum
Maria Prinz M.A., Rösrath

Fotografien
Martin Holtappels
anabas-Verlag (s. Bildnachweis)
Annette Hudemann (s. Bildnachweis)
Associated press (s. Bildnachweis)
Carl Kühne CoKG (s. Bildnachweis)
Informationszentrale Deutsches Mineralwasser (s. Bildnachweis)
Jochen Gassner (s. Bildnachweis)
Krones AG (s. Bildnachweis)
Rewe Verlag (s. Bildnachweis)
Zamek Nahrungsmittelfabriken GmbH & CoKG (siehe Bildnachweis)

Gestaltung
Astrid Bergmeister Visuelle Konzepte, Dortmund

Wir danken für die Unterstützung:

Durch viele informative Gespräche
dem Sammler Albert Schwiezer
den Interviewpartnerinnen und -partnern:
Ursula Klages, Petershagen
Dora Eisenburger, Dortmund
Sabina und H. Baumann, Bochum

Bonduelle GmbH
Carl Kühne KG
Deutsches Tiefkühl-Institut
EDEKA-Zentralarchiv
Genossenschaft Deutscher Brunnen
Institut für Medien und Kunst
J. WECK GmbH u. Co
Krones AG
Dortmunder Union-Ritter Brauerei GmbH
Oberland Glas AG
Zamek Nahrungsmittelfabriken GmbH & CoKG

Durch das Übertragen der Interviews
Regina Lunazek
Alexandra Reif

Durch Anzeigen
Bonduelle GmbH
Dortmunder Union-Ritter Brauerei GmbH
J. WECK GmbH u. Co
Genossenschaft Deutscher Brunnen
Oberland Glas AG

Durch das Überlassen zahlreicher Fotos und weiterer Materialien
anabas-Verlag, Gießen
Aramark GmbH
Carl Kühne KG
Deutsches Tiefkühl-Institut
Dortmunder Ritter-Union Brauerei GmbH
EDEKA-Zentralarchiv
Freilichtmuseum Detmold,
Landschaftsverband Westfalen-Lippe
Krones AG
Maggi,
Oberland Glas AG
Rewe Verlag, Köln
WECK GmbH u. Co
Zamek Nahrungsmittelfabriken GmbH & CoKG

Den Kolleginnen und Kollegen des Westfälischen Industriemuseums für die Kooperation

Die Deutsche Bibliothek - CIP-Einheitsaufnahme
Mindestens haltbar bis ... : Konservieren und Bevorraten in Glasgefäßen / Astrid Bergmeister. Mit Fotogr. von Martin Holtappels. (Hrsg. im Auftrag des Landschaftsverbandes Westfalen-Lippe, Westfälisches Industriemuseum).-1. Aufl.- Essen: Klartext-Verl. 1998

(Schriften / Landschaftsverband Westfalen-Lippe, Westfälisches Industriemuseum Dortmund; Bd. 20)

Herstellung
Lithografie: Astrid Bergmeister Visuelle Konzepte, Dortmund
Belichtung: Merlin Belichtungsservice, Dortmund
Druck und Bindung: RGA-Druck, Remscheid

1. Auflage
Klartext-Verlag, Essen 1998
ISBN 3-88474-734-7k

Inhalt

16.000 mal Geschichte: eine Einführung

16.000 mal Geschichte - mit 16.000 Geschichten. Wenn die Dinge reden könnten: Die Flaschen und Ballons, die Tintenfässer und Flakons, die Weserhäfen und Einkochgläser, die Eingerichte und Buddelschiffe. Geschichte und Geschichten. 16.000 Stück Hohlglas, vor allem Flaschen aus den letzten drei Jahrzehnten, hat der Sammler Albert Schwiezer im Laufe von mehr als drei Jahrhunderten zusammengetragen. 1994 übergab er seine Sammlung dem Westfälischen Industriemuseum, das damit eine der wohl umfangreichsten und vielfältigsten Sammlungen an Gebrauchsglas in Deutschland erhielt. Die gewaltige Sammlung füllte ein ganzes Leben, schließlich ein ganzes Bauernhaus. Heere von Flaschen, die nur dem distanzierten Betrachter gleichförmig erscheinen, weisen bei näherem Hinsehen zahllose Besonderheiten und Individualitäten auf. Schon die reine Betrachtung und der Vergleich der Objekte böte Stoff genug für dickleibige Kompendien: Größe, Formen, Farbe, Glasqualitäten, Herstellungsverfahren, Produzenten, Verschlüsse, Einprägungen, Etikettierungen, aber auch Entwicklungen all dieser Parameter ließen sich umfangreich untersuchen - ein gewaltiges Programm und notwendige Kärrnerarbeit. Hört man dem Sammler zu, wenn er von seinen Schätzen spricht, wie er sie gefunden hat, unter welchen Umständen und Mühen, welche ihm die wichtigsten sind oder welche besonders bedeutsam, kommen weitere Geschichten, kommt eine weitere Schicht hinzu.

Die Dinge sprechen aber nicht für sich, sie müssen zum Sprechen gebracht werden. Die oberflächliche Klassifizierung ist nur der erste Schritt. Was steht hinter dieser Oberfläche, worauf verweisen die ‚Flaschen', welche Zusammenhänge und Hintergründe beleuchten sie, welche Geschichte und welche Geschichten vermögen sie zu erzählen? Nun, die ‚Biographie' einer Bierflasche vom rheinischen Sand bis zum Westfälischen Industriemuseum, von der Pfeife eines Düsseldorfers Glasmachers, über eine der einst zahllosen Brauereien des Ruhrreviers, die sie eines schönen Feierabends an den Hals eines durstigen Stahlwerkers brachte, der sie wiederum seiner Frau zurückließ, die Saft darin einkochte, sie im Keller vergaß, bis ihre Enke-

lin sie beim Aufräumen des Abbruchhauses einem Trödler schenkte, diese Biographie wird man nur in Einzelfällen erzählen können. Und nur in Einzelfällen wäre sie wohl auch interessant. Aber eine solche Flasche vermag eben mehr zu erzählen: Wo, wie, wann, für wen, in welchem Umfang diese und andere Flaschen produziert wurden, wer die Abnehmer waren, wie die Flaschen verwendet wurden, einmal, zweimal oder öfter, wie sie aussahen, warum sie sich veränderten etc. etc. - Fragen über Fragen, Geschichten über Geschichten, Annäherungen an eine Geschichte, dieser Flasche, vieler Flaschen, die aber schließlich Aussagen über die Bedeutung des Werkstoffes Glas und der daraus hergestellten Produkte zulassen.

Der Bedeutung im Alltag der Menschen, für eine Branche, für gesellschaftliche, wirtschaftliche, politische und technologische Zusammenhänge.

Das vorliegende Buch befaßt sich mit einem Aspekt von Alltags- und Gebrauchsglas, wie er sich in zahlreichen Facetten in den Objekten der Sammlung Schwiezer widerspiegelt - sicher mit einem ganz besonders wichtigen: ‚Hohlglas' diente zu allen Zeiten der Bevorratung und Konservierung von Lebensmitteln und Getränken, von Arznei und Chemikalien. Dem Ziel des Westfälischen Industriemuseums entsprechend finden daher in dem vorliegenden Band Aspekte der Technik-, Wirtschafts-, Kultur-, Alltags- und Sozialgeschichte Berücksichtigung. Neben der Abstraktion der ‚Geschichte' finden die ‚Geschichten' in den z. T. umfangreichen Originalzitaten der Untersuchung, die sich auf zahlreiche Interviews und Befragungen als Quelle stützt, daher ihren berechtigten Niederschlag.

links:
Glasturm der Glashütte Gernheim, heute ein Standort des Westfälischen Industriemuseums in Petershagen/Weser

rechts:
Schauproduktion in der Glashütte Gernheim

Das ‚Konservieren und Bevorraten in Glasgefäßen' stellt aber nur einen, wenn auch sehr gewichtigen Aspekt zur Erschließung der Sammlung Schwiezer dar. Weitere Geschichte und Geschichten werden folgen ...

Zahlreiche Personen, Firmen, Kolleginnen und Kollegen haben die Arbeit an diesem Buch unterstützt, durch Informationen und Interviews, durch Fotos und Abbildungen, durch kritischen Rat und nicht zuletzt durch finanzielle Hilfe. Ihnen allen, ganz besonders aber Albert Schwiezer, Maria Prinz und Stephanie Geißler sowie Astrid Bergmeister, die das Buch geschrieben und gestaltet hat, sei an dieser Stelle herzlich gedankt.

Michael Funk
Museumsleiter
Westfälisches Industriemuseum - Glashütte Gernheim

Transparent, hohl oder flach: Glas

scharfkantig
zerbrechlich
splitternd
gefährlich
stabil
schützend
starr
flexibel
farbig
durchscheinend
spiegelnd
transparent
hitzebeständig
geschmacksneutral
chemisch resistent
porenfrei
isolierend
lichtschützend
glatt
kalt
sauber
lichtbrechenc
schwer
schön
kunstvoll
ästhetisch

Leuchtkörper

Mineralwasserflaschen

Glasfassaden

Gläser

Ein Leben ohne Glas wäre mit dem Ende der Zivilisation gleichzusetzen, wäre der Verlust der Zukunft einer industrialisierten Gesellschaft.

Konservenglas

Der Alltag ohne Glas ist undenkbar: Wohnung ohne Fenster? Räume ohne elektrisches Licht? Trinken ohne Gläser? Wein ohne Flaschen? Keine „Kirschen im Glas“? Kein Kino, keine Fotos! Kein Fernsehen rund um die Uhr! Keine Bildschirmarbeit online! Keine Brillen ... unser Blick auf die Welt wäre ohne Glas um vieles eingeschränkter.

Sturzgläser

Glas fasziniert durch makellose Transparenz und farbiges Funkeln. Schmerzende Glassplitter in der Hand und der Knall zersplitternden Glases sind aber auch Alltagserfahrungen. Dadurch entstehen Vorsicht und Respekt im Umgang mit Glas.

Teekanne
Zitronenpresse

Flaschen

Viele Eigenschaften, viele Funktionen und Aufgaben - ein Material. Oder doch nicht? Ökonomische und wissenschaftliche Interessen haben zur Entwicklung von Glassorten geführt, die feuerfest und wärmeisolierend, die im Haushalt, in der Architektur, Medizin und Raumfahrttechnik einsetzbar sind.

Durch die Entwicklung von feuerfestem Haushaltsglas (Jenaer Glas) wurde das Spektrum der Anwendungen erheblich erweitert.[1] Tonnenschwere Spiegel, in

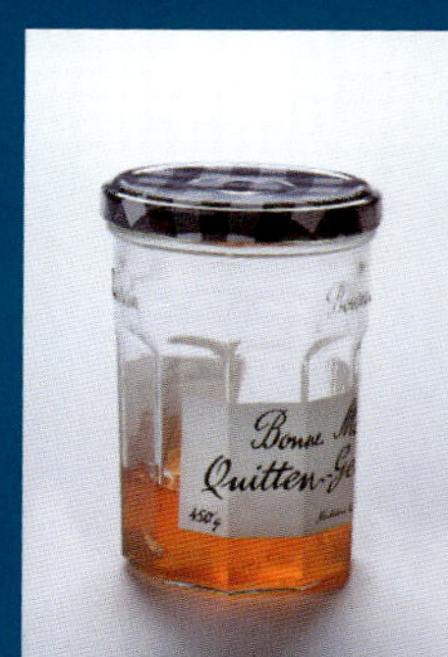

Marmeladenglas

Backschüssel

Flachglas

Glaskunst

Sicherheitsglas

Fenster

Kristall

Autoscheiben

Spiegel

Fernseher

Glasfaserkabel

Treppen

Glasbausteine

Laborglas

Medizin

Kirchenfenster

Kopierer

Bildschirm

Millimeterpräzision gefertigt, reflektieren das All. Kurz vor der Wende ins 21. Jahrhundert sind Ceran-Kochfelder, Glasfaserkabel, Isoliermaterialien aus Glaswolle Alltag.

Der Werkstoff Glas hat die Welt in den letzten 150 Jahren verändert, und die Entwicklung zum 'High-tech-Stoff' hält seitdem an.

Die Glasindustrie sagt dem Werkstoff noch eine große Zukunft voraus, stuft sie unsere Gegenwart doch erst als den Beginn der 'Glaszeit' ein. Neue Materialien wie 'glasige Metalle' oder 'Stoffe im Glaszustand' sind in der Entwicklung.[2]

Aber: Trotz aller rationalen High-tech-Seiten hat Glas auch seine mysthische Seite behalten. Das faszinierend Geheimnisvolle der glühend geschmolzenen Glasmasse, aus der klares Kristall entsteht, das tiefe Leuchten farbigen Glases und ihr manchmal edelsteinähnliches Aussehen schufen Geschichten und Mythen.

Die nächsten Seiten geben einen Einblick in die Enstehung und Verarbeitung des faszinierenden Stoffes Glas.

Strom mit
Hilfe von Glas:
Ein Brennspiegel
bündelt das Sonnenlicht und lenkt es auf
eine wasserdurchströmte
Röhre. Das Wasser wird zum
Sieden gebracht. Der Dampf
treibt eine Turbine an.

Wie entsteht Glas?

„Man nehme ..." - Die Rohstoffe

Sand ... das ist der Hauptbestandteil des Glases. Er besteht überwiegend aus Siliciumoxyd und ist mit verschiedenen färbenden Oxyden, meistens mit Eisenoxyd, ‚verunreinigt'. Das ergibt den charakteristischen Grünstich des Glases. Sand existiert in sehr unterschiedlichen Qualitäten, vom stark verunreinigten Sand bis zum reinen Quarzsand.

Soda oder Pottasche und Kalk sind weitere Grundstoffe der Glasherstellung. In vorindustrieller Zeit wurde meist aus Holz gewonnene Pottasche als Flußmittel dem Gemenge beigefügt. Das setzte die Schmelztemperatur herab. Später kam Soda zum Einsatz. Durch die Einführung der künstlichen Sodaherstellung in der ersten Hälfte des 19. Jahrhunderts wurde die Herstellung von Glas erheblich preiswerter. Diese technische Neuerung trug wesentlich mit zum Durchbruch des Star-Werkstoffs Glas im Alltag bei.

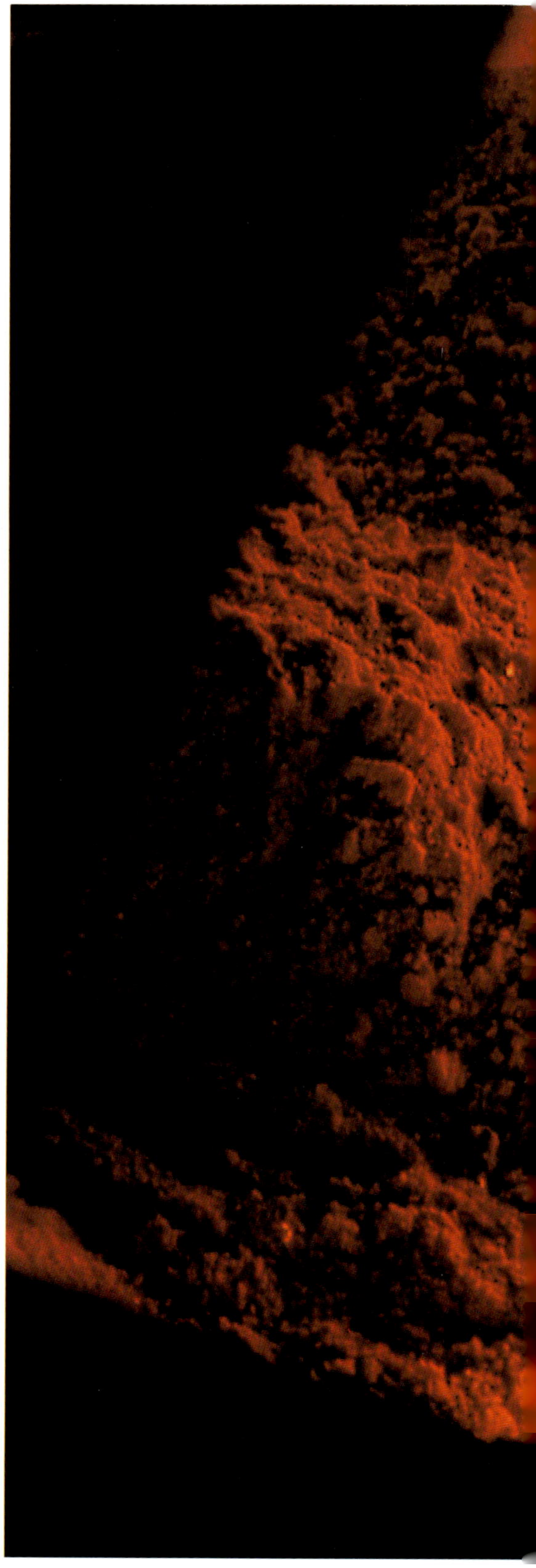

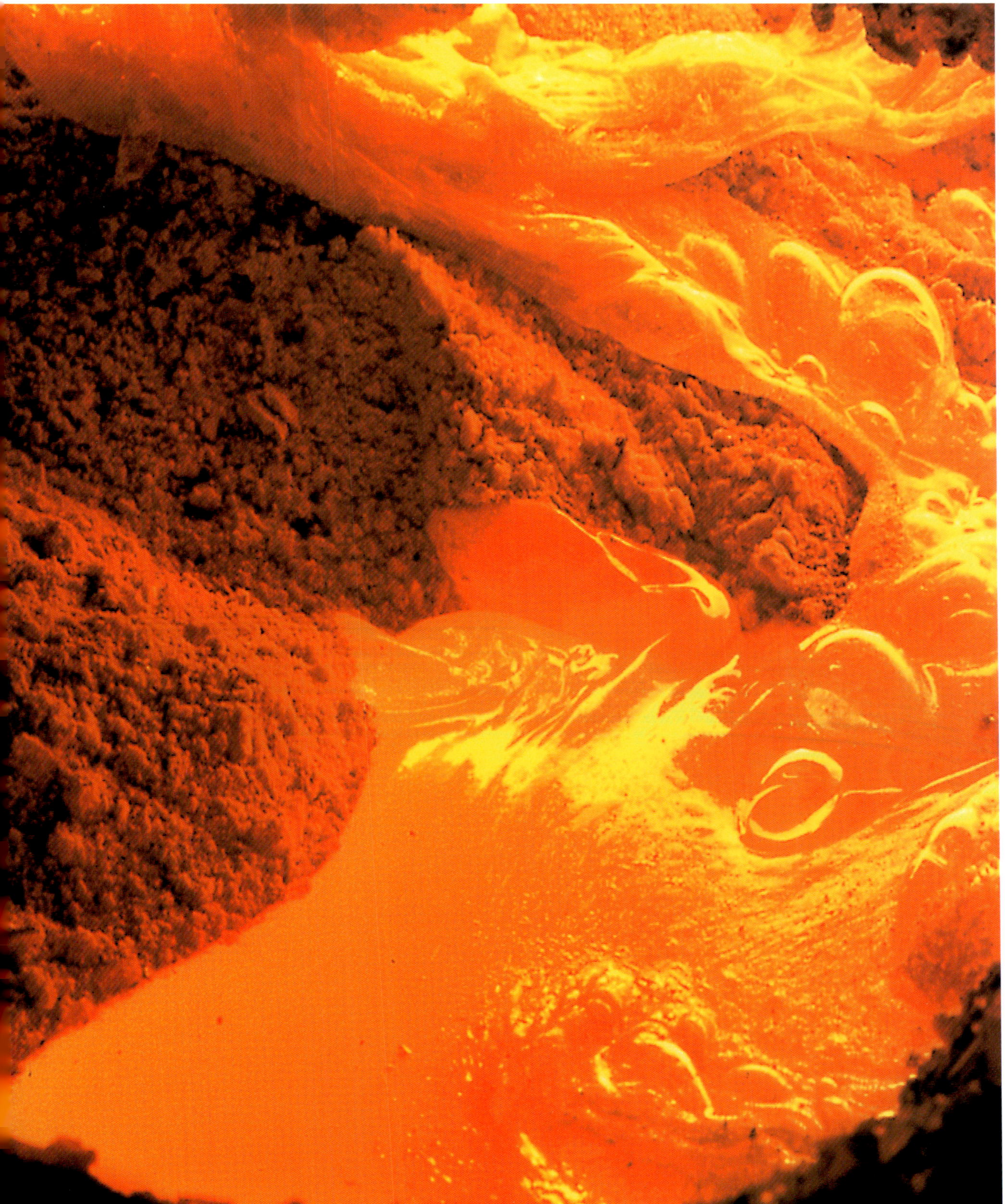

Unter Zusatz von Entfärbemitteln wie z.B. Braunstein, Arsenik, Salpeter wird das Glas klar. Spezielle Metalloxyde geben die Farben. Jede Glassorte hat andere Eigenschaften, die durch unterschiedliche Zusammensetzung des Quarzsandes, die verschiedene Gewichtung der Bestandteile und den Zusatz von weiteren Stoffen erreicht werden.

Erstarrtes Glas gleicht Eis: Es erstarrt in einer kristallinen Verbindung. Glas verhält sich im Prinzip wie eine Flüssigkeit, weil seine Bestandteile keine chemische Verbindung, sondern lediglich eine physikalische Verbindung eingehen.

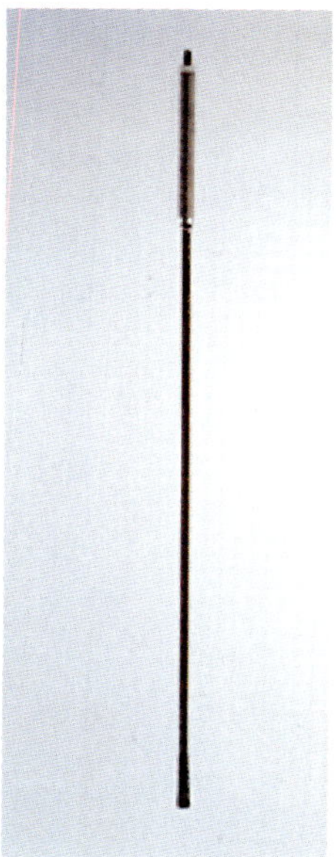

Glasmacherpfeife

Glashäfen

Heiße Häfen - Das Schmelzen von Glas

Heiß ... 1400 bis 1600 Grad hat das geschmolzene Glasgemenge. Dazu bedarf es einer ausgefeilten Ofen- und Befeuerungstechnik. Schon 1500 v. Chr. wurde im Alten Ägypten Glas in tönernen Schmelzpfannen in Gruben geschmolzen, aber erst die Römer revolutionierten die Ofentechnik. Sie entwickelten den gemauerten Hafenofen, in dem Temperaturen bis zu 1400 Grad erreicht wurden. Geschmolzen wurde das Glas in sogenannten ‚Häfen', großen Tiegeln, die aus gebranntem Ton bestehen. Ihre Befeuerung hat sich im Laufe der Jahrhunderte parallel zur gesamten technologischen Entwicklung verändert.

Hohl oder flach - Das Glas wird in Form gebracht

Ob hohl oder flach - zwischen der glühenden Glasmasse und dem fertigen Glas des Alltags liegt der Prozess des Formens. Verschiedene Techniken und Hilfsmittel stehen dabei zur Verfügung. Das grundlegende Prinzip der manuellen Glasherstellung ist sehr alt: das Glasblasen. Glasmacher haben schon zur römischen Kaiserzeit in ein langes Rohr geblasen und an dessen Ende eine gewisse Menge flüssigen Glases klebt. Am unteren Ende bläht sich die Glasblase auf, durch Dreh- und Schleuderbewegungen wird sie in eine Form gebracht - ein Hohlgefäß entsteht. Verschiedene Werkzeuge zum abflachen, einbuchten, abkneifen, runden stehen zur Verfügung.

Vom Luxusgut zum Massenerzeugnis - Ein Streifzug durch die Geschichte der Glasherstellung

Die römische Hohlglasherstellung vereinfacht die Herstellung von Glasgefäßen derart, daß sie als -wenn auch luxuriöse-Haushaltswaren angeboten und gekauft werden: Glasbecher, Flaschen, Kannen und Ampullen.[3]

Mit dem Niedergang des Römischen Reiches geht jedoch das Wissen um diese Technik nördlich der Alpen verloren. Viele Jahrhunderte beschäftigen sich nur Alchemisten und Künstler mit dem Geheimnis der Glasherstellung. Kostspielige Glaswaren werden aus dem Orient importiert, wo die römische Glaskunst ihren Standard behalten hat. Im Alltag der Bevölkerung spielt die Glasherstellung keine große Rolle. Bis in die Zeit von Renaissance und Barock wird das Glas für den gehobenen Stand produziert: Leitbild für Adel und Bürgertum sind Gläser mit Verzierungen und aufwendigen Effekten, das venezianische Glas.

Unabhängig von der venezianischen Glasproduktion entwickeln sich kleine Waldglashütten. Ihren Namen tragen sie aufgrund der bevorzugten Wahl ihres Standortes. Um nah an Roh- und Brennstoffen zu sein, werden die Hütten im waldreichen Gebiet gebaut. Ist das Holz verbraucht, ziehen die Glasmacher weiter und bauen an einem anderen Ort die Hütte erneut auf. Dabei wird durch das Sieden der aus dem Holz gewonnenen Pottasche mehr Holz verbraucht als durch die Befeuerung der Öfen.

In den Waldglashütten wird das Glasmachen im handwerklichen Maßstab betrieben. Das ,Rezept' des Glasmachens ist das Geheimnis des Hüttenmeisters. Sein Wissen und seine Erfahrungen sind die tragenden Säulen der Hütte.

Paßt vorerst nur ein Hafen in den Schmelzofen, werden die Öfen im Laufe der Zeit größer gebaut. Mehrere Häfen, und damit auch Glasgemenge in verschiedenen Farben, können gleichzeitig in den Ofen gestellt werden. Durch die Entwicklung weiterer Werkzeuge und handwerklicher Techniken wird das Grundprinzip des ,Blasens mit der Glasmacherpfeife' weiter ausgefeilt. Glas muß in einem temperierten Ofen langsam abgekühlt werden - sonst würde es durch die enormen Spannungen springen. Nach dem Kühlen steht das Glas zur weiteren Verarbeitung zur Verfügung: Die Mündung der Gefäße wird fertiggestellt, sie werden durch bemalen, schleifen, ätzen und polieren veredelt.

Die Qualität des Glases hängt von mehreren Faktoren ab: von der Möglichkeit, das Gemenge möglichst genau mischen zu können, aber auch von der Befeuerungart, denn Kohle oder Glas erzeugen höhere Temperaturen als Holz. Größere Hitze macht das Glas flüssiger, qualitativ besser und dünnwandiger formbar. Schlierenfreie Produktion (z.B. ohne Blasen) ist im 18. Jahrhundert nur für erlesene Trinkgläser Standard. In Glashütten, in denen All-

Szene in einer frühindustriellen englischen Glashütte: Vor einem Schmelzofen mit Schornsteinen sind nur wenige Glasmacher bei der Arbeit. Die Grafik zeigt eine Szene von ca. 1840.

Der Holzstich von ca. 1870 zeigt das zeitgenössische Innere einer niederländischen Glasbläserei: Die Hütte hat sich zu einer industriellen Fabrik entwickelt. Drei Schmelzöfen binden mehr „manpower" und steigern die Produktivität. Sie wurden mit mit Kohle befeuert.

tagsglas produziert wird, verzichtet man auf die genaue Zusammenstellung des Gemenges und ausgiebiges ‚Läutern', das Klären des Glases. Brodelndes Aufkochen treibt dabei die Luftblasen aus der Glasmasse. Solche Maßnahmen zur Qualitätsverbesserung sind bei der Produktion von Alltagsglas zu aufwendig.

In den früheren Glashütten sind nur sehr wenige Menschen beschäftigt - verglichen mit den Belegschaften in den hochindustrialisierten Hütten an der Wende zum 20. Jahrhundert. Das Bild S. 17 oben zeigt die frühindustrielle Produktion, die zwar arbeitsteilig, aber noch nicht durchrationalisiert und sehr arbeitsintensiv ist.

technisierter Herstellung beginnt sich erst langsam zu entwickeln. Parallel zu den Innovationsbemühungen der Unternehmen wächst auch ein Markt. Bedürfnisse werden geweckt, Glas verliert den Status des Elitären, wird ab Ende des 18. Jahrhunderts für die bürgerliche Bevölkerung erschwinglich und in Form von gläsernen Alltagsprodukten zugänglich, z.B. durch Gefäße zum Bevorraten.

Sowohl die Arbeitsbedingungen als auch der Stand der Produktionstechnik haben seit Beginn des 19. Jahrhunderts enorme Veränderungen erfahren. Die Entwicklung der Produktionstechnik und der Arbeitsbedingungen haben Konsequenzen. Die

Auf der Rückseite der nebenstehenden Postkartenabbildung ist zu lesen: „Die größten und leistungsfähigsten im In- und Ausland betriebenen Glasschmelzöfen waren um die Wende zum 20. Jh. ununterbrochen arbeitende, kreisrunde Siemens'sche Wannenöfen mit zusammen 75 doppelt besetzten Arbeitsplätzen, 470 Arbeitern, einer Jahresproduktion von ca. 20 Mio. Flaschen und einem Inhalt geschmolzenen Glases von 6000 Centnern." Die eingelassene Wanne hat den Ofen zum Schmelztiegel gemacht. Während die Glasmacher geschmolzenes Glas entnehmen, wird auf der anderen Seite der Wanne neues Gemenge zugeführt.

Die Wannen stehen bei der Actien-Gesellschaft für Glasindustrie, vorm. Friedr. Siemens, Dresden.

Dennoch sind nur wenige Personen an der Produktion beteiligt, weil die Herstellung von ‚Massenprodukten' mit dem charakteristischen Merkmal ‚billig' noch in den Kinderschuhen steckt. Eine arbeitsteilige Produktion mit vereinfachter und

Veränderung des wirtschaftlichen Umfeldes der Hütte durch die zunehmende Industrialisierung von Wirtschaft und Lebensalltag beginnt: Es entsteht eine Zulieferindustrie, wirtschaftliche Abhängigkeiten beginnen sich zu entwickeln, Unternehmensprofile bilden sich aus. Die Strukturen für den Markt unserer heutigen Tage werden angelegt. Auch die Arbeitsbedingungen verändern sich: Arbeit findet immer mehr im Takt der Maschine statt, die Taktzeiten verkürzen sich. Profitmaximierung und Leistungsgrenzen der Maschinen stecken den Rahmen der täglichen Arbeit ab. Auch in anderen Industriezweigen laufen solche Entwicklungen ab. Als Folge daraus verändert sich das Leben der Bevölkerung mit neuen Lebensgewohnheiten, Arbeitsbedingungen und Produkten.

Auf dem Bild S. 18 ist eine Hütte zu sehen, die sich zur Fabrik entwickelt hat. Die Schmelzöfen werden indirekt mit Generatorgas befeuert. Die Wanne füllt den Schmelzofen aus - damit ist der Ofen selbst zum Schmelztiegel geworden. Während die Glasmacher durch die Arbeitslöcher geschmolzenes Glas entnehmen, wird auf der anderen Seite neues Gemenge

Owensmaschine im Betrieb, ca. 1930

zugeführt. Diese neue Erfindung hat die Arbeitsabläufe völlig verändert. Ein Vergleich soll das verdeutlichen. Die Arbeit verläuft rythmisch. Die gefüllten Häfen werden erhitzt, das Glasgemenge wird geschmolzen und das Glas nach einer Ruhezeit solange geblasen, bis die flüssige Masse verbraucht ist. Anschließend werden die Häfen auf's neue beschickt, und die Glasmacher kommen erst wieder zur Arbeit, wenn das Glas geschmolzen ist. Wenn es auch Wannen für eine oder zwei Tagesschichten gibt, erfordert die Wannentechnik im Prinzip die ununterbrochene Arbeit der Glasmacher: Arbeit im Schichtbetrieb. Sie wird diktiert durch den Zwang, den Ofen nicht auskühlen zu lassen - viele Tonnen Glasmasse würden sonst erstarren. Zudem muß die teure Anlage effizient bewirtschaftet werden. Die weiter wachsende Verdichtung der Arbeitsabläufe wird auf der Abb. S. 18 oben gut sichtbar. Der enorm große Ausstoß von 20 Mio. Flaschen pro Jahr bei 470 Arbeitern im Schichtbetrieb macht das Höchstmaß von industrieller Produktion deutlich, die mit ‚man-power' zu erreichen ist.

Die Erfindung der Siemens'schen Wannenöfen, die nach dem ‚Regenerativsystem' arbeiten, markiert einen weiteren Entwicklungsschritt. Ungeheure Mengen Ener-

Das Werbeplakat „Gerresheimer Glashüttenwerke" stammt aus der ersten Hälfte des 20. Jh. und markiert das Ende und den Beginn zweier Zeiten. Zu sehen sind zwei Innenansichten der Glashütte Actien-Gesellschaft der Gerresheimer Glashüttenwerke. Das obere Bild zeigt kontinuierlich arbeitende Wannenöfen. Auf dem unteren Bild ist der Anbruch der neuen Zeit zu sehen: Die vollautomatisch Flaschen blasende Owensmaschine. Die Glasmacher wurden überflüssig.

Eine Flasche entsteht: Eine Skizze in sieben Schritten:

1 Der Glastropfen wird abgeschnitten und gleich in die Vorform fallen.

2 Druckluft, von oben eingeblasen, drückt das Glas nach unten, die Mündung der Flasche entsteht.

3 Von unten strömt Druckluft ein und bläst das Glas zum Külbel.

4 Ein Greifarm hat das Glaskülbel aus der Vorform in die Fertigform transportiert.

5 Das Glaskülbel wird zur Flasche ausgeblasen.

6 Ein Entnahmegreifer entnimmt die Flasche aus der geöffneten Form, hält sie einige Zeit in der Luft und setzt sie auf der Kühlplatte ab.

7 Die Flaschen werden weitertransportiert.

1

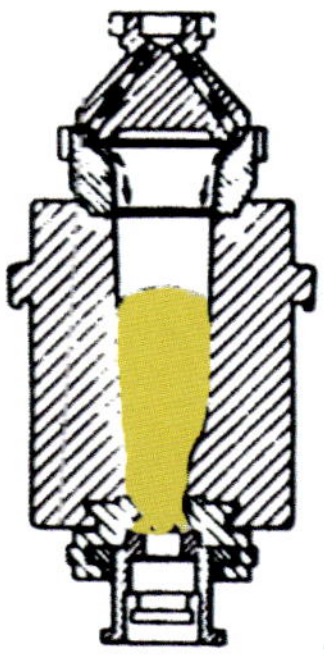
2

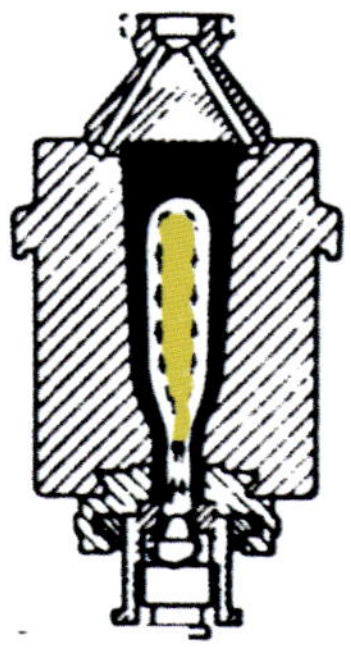
3

4

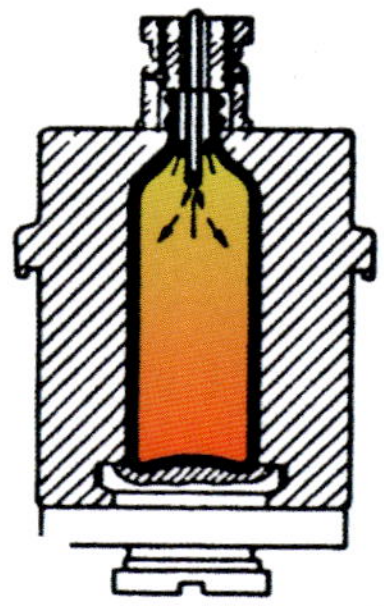
5

gie werden für die ununterbrochene Befeuerung gebraucht. Bei der neuen Technik werden die heißen Abgase aus dem Wannenofen dazu genutzt, die Verbrennungsluft vorzuheizen, die anschließend in den Ofen eingeblasen wird. Die Befeuerung des Ofens mit Koksgas hat zwei Vorteile: Das Glasgemenge kann auf 1600 Grad erhitzt werden, das Gemenge schmilzt schneller, die Geschwindigkeit der Verarbeitung läßt sich steigern. Zudem wird das Glas nicht mehr durch Rußpartikel aus der Kohlebefeuerung verunreinigt, und durch das Prinzip der Regenerativsystem wird auch noch Energie eingespart.

Vom Europäischen Verband der Flaschenhersteller vorangetrieben, brechen die Gerresheimer Glaswerke 1908 mit allem bislang Dagewesenen: Die Einführung der vollautomatisch blasenden, nach ihrem Entwickler benannten ‚Owens-Maschinen' die die Flaschen in einem Arbeitsgang von der Mündung bis zur Sohle fertigstellen, macht die Glasmacher arbeitslos. Der Verband steuert die schrittweise Einführung der neuen Technik, um einen radikalen sozialen und wirtschaftlichen Einschnitt zu verhindern. Die Auswirkungen auf die Verschluß- und Abfülltechnik zerstört letztendlich die vorhandenen Handelsstrukturen in der Abnehmerindustrie. Die schrittweise Umstellung wird durch die aufgesplitterte Struktur der europäischen Glasindustrie begünstigt.

Die exakt gleiche Form der Mündungen und die gleichmäßige Wandstärke der Flaschen animiert die abfüllende Industrie wie Brauereien sowie Mineralwasserbrunnen, die Entwicklung von Maschinen zu fördern, die automatisch die Flaschen befüllen und verschließen. 1920-30 entwickelt sich ein deutscher Standard in der Flaschengröße und Mündungsform. Erst dadurch kann die vollautomatische Produktion ihre volle Wirkung entfalten: hohe Stückzahlen zu günstigem Preis. Schnellere Befüllung, größere Abfüllmengen und die Suche nach einem größeren Absatzmarkt sind die Folge. Werbung für die einzelnen Markenartikel wird im öffentlichen Leben präsent - und der Verbrauch seitens der Bevölkerung wächst. Die Entwicklung der ‚IS-Maschine' (IS=Individual Section) in den 20er Jahren sowie alle späteren Verbesserungen dieser Maschine perfektionieren die vollautomatische Produktion. Kein anderer Entwicklungsschritt verändert das Produktionsprinzip noch einmal auf ähnlich grundlegende Weise. Obwohl die ersten IS-Maschinen schon in den 20er Jahren zu Verfügung stehen, wird in einigen großen Glashütten noch bis in die 70er Jahre mit „Owens-Maschinen" gearbeitet - das macht auch die ‚Ungleichzeitigkeit' von technischer Ausstattung und unterschiedlichem Bedarf deutlich. Seit etwa 20 Jahren ist die IS-Maschine mit ‚Tropfenspeiser' jedoch Standard in der Glasindustrie. Je nach Maschine werden zwei oder mehr exakt gleich große Tropfen flüssigen Glases aus der 200-400t umfassenden Wanne zum Blasen eines Külbel transportiert. Während an der nächsten ‚Station' die Vorform zur endgültigen Form geblasen wird, entstehen schon die nächsten Vorformen. nach dem Vorblasen wird das Külbel in der Fertigform ausgeblasen, ein Greifer setzt die fertige Flasche auf das Transportband.

7

6

Ein Ausstoß von enormem Ausmaß: die IS (Individual Section)-Maschine arbeitet mit einer Reihung einzelner, hintereinander geschalteter Glasblasmaschinen. Die fertig geblasenen Flaschen werden nach extrem kurzer 'Standzeit', nach der sie nicht mehr die Form verlieren, zum 'Kühlofen' weitertransportiert.

Mindestens haltbar bis ...

Konservieren & Bevorraten

Wie ist es vor 1900?

Kurze Zeitspanne, aber viel Entwicklung: 1900-1930

Von 1930 bis zur nächsten Jahrhundertwende

Hunger stillen

Geld sparen

Notversorgung

Vorräte für den Winter anlegen

Selbstversorgung

... Denk' dran, schaff' Vorrat an (WECK)

ständig zur Verfügung

Qualität

bewußte Ernährung

traditionelle Haushaltsführung

selbst gemacht, schmeckt besser

man weiß, was drin ist

wertkonservative Lebenshaltung

Lebensstil

„Denk' dran, schaff' Vorrat an ..."
Keller im ‚Herrenhaus', dem ehemaligen Fabrikantenwohnhaus der Glashütte Gernheim

Ein Rückblick auf die letzten Jahrhunderte, in denen nur die wenigsten Lebensmittel ständig frisch zur Verfügung standen, regt auch die Frage nach der Bedeutung von Alltagsglas für Vorratshaltung und Konservierung an.

Vor allem Obst und Gemüse, aber auch Fleisch und Wurst müssen über die Erntezeit und Schlachtung hinaus haltbar gemacht werden, um während des ganzen Jahres zur Verfügung zu stehen. Getränke wie Mineralwasser, Bier und Wein müssen konserviert und transportiert werden. Bei der Suche nach einer geeigneten Verpackung und Verschlußtechnik erweist sich Glas im Gegensatz zu Holz und Steingut durch seine Materialeigenschaften als geeignet - bietet es doch die Möglichkeit, hygienisch und geschmacksneutral zu konservieren.

Aufgrund der technischen Entwicklung wird Glas im Laufe der letzten zweihundert Jahre besser und billiger und erobert schließlich den Massenmarkt. Die technischen Neuerungen ziehen Änderungen im privaten Alltag wie auch in der entstehenden industriellen Konservierung nach sich. So sind Glasgefäße in Industrie, Gaststätte und Haushalt nicht mehr wegzudenken.

Als in den 50er Jahren zunehmend mehr industrielle Konserven auf den Markt kommen, teilten sich die deutschen Hausfrauen in zwei 'Lager': Während die einen in dem Bewußtsein leben, einen modernen, rationellen Haushalt zu führen, Industriekonserven und chemische Kochhilfen einsetzen, lehnen die anderen industrielle Gemüsekonserven ab, weil ‚eine richtige Hausfrau' alles selber macht. Die für das Einkochen benötigten Hilfsmittel werden von den Herstellern im Laufe der Jahrzehnte ständig optimiert. Auch heute gibt es noch Befürworter und Gegner von Konserven. Ernährungswissenschaftliche Erkenntnisse spielen im öffentlichen Bewußtsein eine zunehmend größere Rolle, werden in der Werbung eingesetzt und leiten sowohl die Argumentation der Industriekonservenhersteller als auch der Frauen, die in Eigenregie einkochen. Die Lebensstile und die dahinter stehenden Auffassungen sind differenzierter und vielfältiger geworden. So leitet das Ziel, eine ‚richtige Hausfrau' zu sein, heute nicht mehr das Handeln der meisten Frauen und wissenschaftliche Erkenntnisse über Vitamine, Ernährung und Krankheiten haben in der öffentlichen Diskussion eine starke Lobby.

Neue Konservierungsformen werden entwickelt. Die Einführung der Tiefkühlkost verändert das häusliche Leben erneut - und steht stellvertretend für das insgesamt schneller und 'moderner' werdende Leben. Das Essen, einst zentrales Ereignis im Haushalt, ist häufig nur noch eine Begleiterscheinung des täglichen Lebens. Man kann essen, wann, was und wie man will. [4]

Wo starke Standardisierung das Leben prägt, regt sich häufig eine Gegenbewegung. Mit der Umweltbewegung und den grün-alternativen ‚Ökos' werden bewußte Ernährung, natürliche Produkte, naturbelassener Geschmack ‚wider den nationalen Einheitsgeschmack' zu den führenden Schlagworten. Das Essen ist Bestandteil eines gesamten Lebensgefühls und einer bewußten politischen Haltung.

Im Folgenden werden Aspekte aus der Herstellung der Glasgefäße, der Entwicklung der Konservierungstechnik und des alltäglichen Gebrauchs von Vorratsgefäßen mit Interviewausschnitten, technischen Erklärungen und Fotos aus alter und neuer Zeit dargestellt.

Wie ist es vor 1900?

Wie Flaschen und Vorratsgefäße entstehen

Einmachgefäße & Industriekonserven

Konservierungstechniken - Herstellung und Verwendung

Im Titel des Buches ist vom Konservieren und Bevorraten in Glasgefäßen die Rede. Ein wesentlicher Bestandteil des Konservierens liegt in der Auswahl des Gefäßes und des Verschlusses. So werden die nächsten Seiten ein Schlaglicht auf die Herstellung der Glasgefäße, der Verschlüsse und auf die Konservierungstechnik setzen.

Charakteristisch für die Beschaffenheit des Glases ist die schlierige, blasige Masse.
Die Tropfenform ist durch das ‚freie Blasen' entstanden.
Ca. 1760

Wein, Most, Saft ... wie entstehen die Gefäße dafür? Das flüssige Glas muß geformt werden. Ob ‚frei' oder ‚im Model' geblasen - der Glasmacher bläst Luft durch die langstielige Glasmacherpfeife. Die Glasblase am unteren Ende der Pfeife bläht sich auf. Ihre Größe und Form wird durch die Atemluft des Glasbläsers und die Masse des Materials bestimmt, durch die Schwerkraft des Glasmaterials und durch die Schwenk- und Drehbewegungen der Pfeife. So entstehen kugel- und tropfenförmige Gefäße.

Nach dem Blasen der Flasche wird beim ‚freien Blasen' zwecks einer guten Standfestigkeit des Gefäßes der Boden mit dem Hefteisen ‚eingewölbt' oder ‚eingestochen'. Danach wird mit einem Tropfen flüssiger Glasmasse ein ‚Hefteisen' am Boden der Flasche befestigt. Der Flaschenhals wird von der Glasmacherpfeife abgesprengt oder abgeschnitten und die Flasche wird durch das Hefteisen am Boden gehalten. Nun kann die Mündung der

Die Technik des ‚freien Blasens' bleibt über Jahrhunderte hinweg gleich. Links eine Abb. aus der Mundblasproduktion der Borkener Glashütte in den 1970er Jahren.

Abriß:
Skizze in drei Schritten

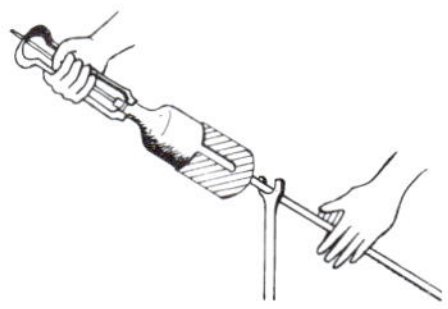

1 Das Hefteisen wird am Boden des Gefäßes befestigt.

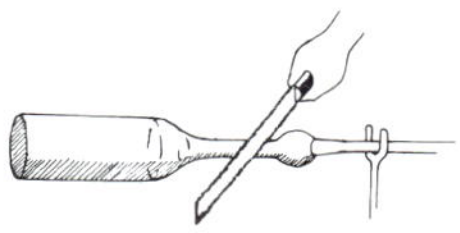

2 Der Flaschenhals wird abgesprengt, indem der Glasmacher mit einem kühlen Eisen der Pfeife einen Schlag versetzt; die Pfeife springt ab.

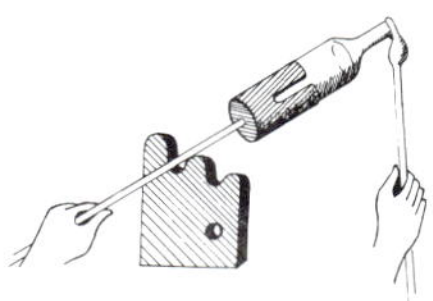

3 Die Mündung kann nun geformt werden. Das Hefteisen wird vom Boden der Flasche abgesprengt, der Nabel, auch Abriss genannt, bleibt zurück.

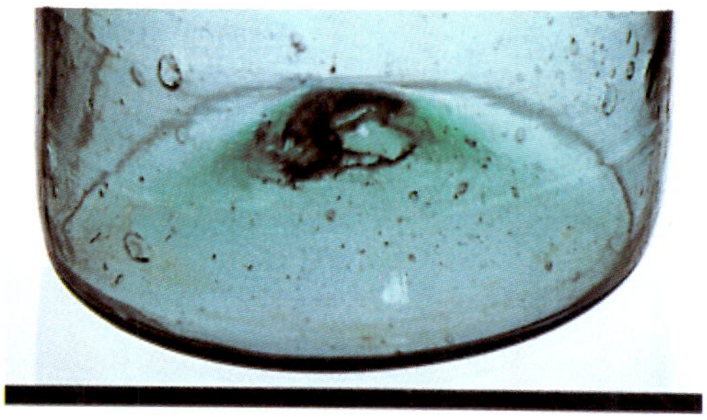

Einstich: Die Wölbung des Bodens nach innen. 2. Hälfte 18. Jahrhundert

Abriß: Der ‚Nabel' der Flasche an ihrem Boden.

Flasche geformt werden. Im letzten Schritt sprengt der Glasmacher das Hefteisen vom Boden der Flasche ab, wobei ein ‚Nabel' als sichtbare Spur der ehemaligen Ansatzstelle zurückbleibt. Dieser Nabel, auch Abriß genannt, weist eine unregelmäßige und oft scharfkantige Oberfläche auf, er kann ringförmig oder oval sein, je nachdem, wie das Hefteisen angeschmolzen wird. Dieses Verfahren ist bei Flaschen und anderen Gefäßen gleich.

Selten besteht die Mündung von Flaschen nur aus dem ungeformten Flaschenhals. Die häufigste Art, eine Mündung zu formen, ist der ‚umgelegte Glasfaden' (Abb. rechts und unten). Der Glasmacher legt einen flüssigen Glasfaden um das Ende des Flaschenhalses. So wird der Flaschenhals einerseits gegen den Korkendruck verstärkt. Andererseits: Will man die Flasche zubinden, so liefert der ‚umgelegte Glasfaden' den Haltering dazu.

Das Prinzip des umgelegten Glasfadens: Er kann je nach Entstehungsort und -zeit dünn, bandartig oder wulstig aussehen. Ähnlich der Verschlußart von Sektflaschen können die Flaschen unterhalb des Fadenrings durch zubinden mit einem Band oder Draht verschlossen werden.

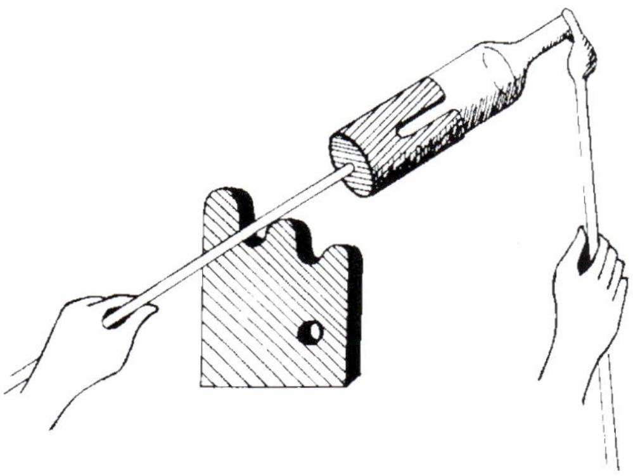

Der flüssige Glasfaden wird um die Flasche gelegt.

Um Bevorraten und Konservieren zu können, müssen die Behältnisse verschließbar sein. So werden Flaschen und andere Gefäße mit Korken verschlossen oder mit Papier, Leinen, Tierblase oder Leder zugebunden. Häufig werden diese Techniken miteinander kombiniert.

„Pergamentpapier wurde passend geschnitten, in lauwarmes Wasser getaucht, auf sauberem Tuche schnell abgetrocknet und über die Behälter gebunden."[5] Das Pergamentpapier muß jedesmal beim Zubinden frisch angefeuchtet werden.

Beim Verschließen mit Watte drückte man einen „Bausch ungeleimter Watte so stark wie möglich zusammen und verstöpfelt die Öffnung der Gläser oder Flaschen mit der Watte derart, daß letztere den Inhalt nicht berührt. Der Wattebausch muß so fest schließen, daß man den Behälter daran festhalten kann."[6]

Bei der Lagerung von kohlensäurehaltigen Getränken wie z.B. Sekt wird zu Beginn des 19. Jahrhunderts am Flaschenhals ‚Draht verbunden', mit Papier, Stoff, Blase oder Leder überzogen und dann 'verpicht', mit Pech bestrichen. Dieses Verfahren bleibt im 19. Jahrhundert im häuslichen Bereich zum Verschließen von konservierten Säften und anderen Getränken üblich. Neben Pech erfüllen auch andere Stoffe die Funktion des Abdichtens: Die Korken werden oftmals in Wachs oder Flaschenlack getaucht. „... Flaschenlack, nach Gewicht käuflich, wird in einem alten Metallgefäße bei jedesmaligen Gebrauch über gelindem Feuer wieder geschmolzen. Die mit neuem gebrühten Korken verschlossene Flasche wurde mit dem Korkende etwa 1 1/2 cm tief in den flüssigen Lack getaucht, abgetropft und zum erkalten aufrecht hingestellt."[7]

Grafik „Einbruch in die Speisekammer". Ca. 1870.

Bis zur Erfindung des Korkenziehers im 17. Jahrhundert werden die Korken konisch gefertigt, damit sie per Hand aus der Flasche gezogen werden können.

Wie verschließt man eine Flasche?
„Zu diesem Zweck gibt es einen besonderen Knoten. den sogenannten „Champagnerknoten", dessen Ausführung die nebenstehenden Abbildungen veranschaulichen. Nachdem der gut passende Kork fest in den Hals der Flasche hineingedreht ist, wird aus einem mittelstarken Bindfaden eine Schlinge so um den Hals der Flasche gelegt, wie es Figur 1 andeutet; man hat darauf zu achten, daß der über den Kork fortlaufende Teil des Bindfadens genau über die Mitte des Korken hinwegläuft, damit er bei dem späteren Festziehen nicht seitlich abrutscht. Nachem die Schlinge umgelegt ist, werden die beiden Enden a und b nach unten und seitwärts angezogen, bis der den Hals umschlingende Teil fest unterhalb des Halswulstes anliegt (Fig. 2). Zugleich verkürzt sich auch das Stück des Bindfadens, das über den Kork läuft, und schneidet etwas in den Korkrand ein, wodurch seine Lage gegeben ist. Zuletzt werden die beiden Enden a und b nach oben zusammengenommen und über den Kork geknüpft (Fig. 3) oder zur Schleife gebunden. Der Verschluß ist durchaus zuverlässig, kann leicht gelöst und an jeder Flasche, auch an solchen mit Glasstöpseln, angebracht werden."[8]

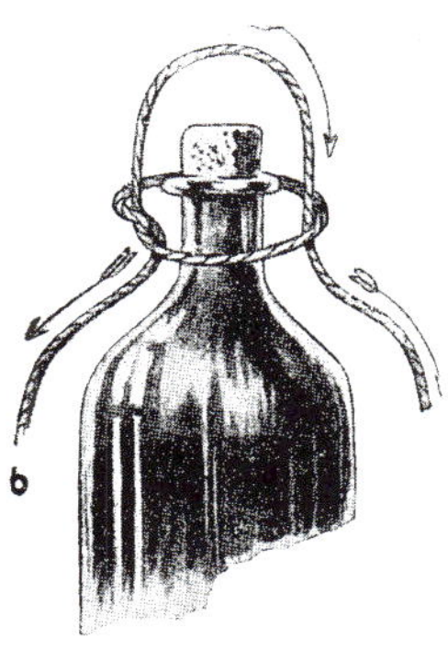

1

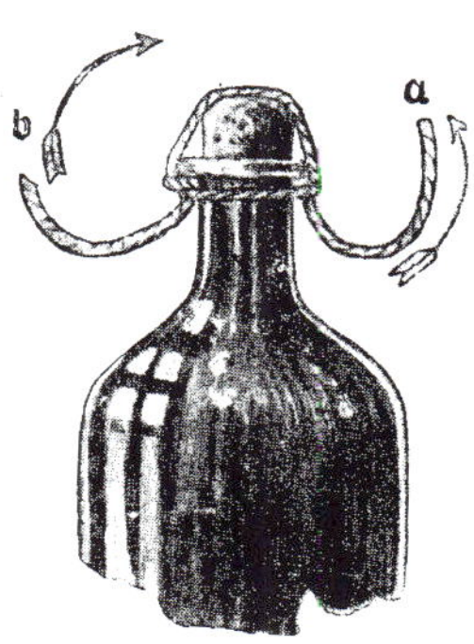

2

3

Freigeblasene Flaschen, die ohne eine Form, ein sogenanntes Model, hergestellt werden, werden bis ins 19. Jahrhundert hinein produziert. Mit Werkzeugen wie Formzangen, Scheren und Formhölzern aus Buchen- oder Birkenholz und einer Platte zum Abflachen von runden Formen, der Marbelplatte, entstehen Formen, die von der Tropfenform abweichen.

Von der Mitte des 18. Jahrhunderts bis heute werden Gefäße immer häufiger im Model hergestellt. Dazu wird die Glasblase, auch 'Glaskülbel' genannt, in eine Form aus Ton, Holz, Eisen oder Messing geblasen, die aus einem oder mehreren Teilen (Klappmodel) bestehen kann. Sind die Gläser still geblasen, so bläst der Glasmacher das Külbel in die Form, ohne sie dabei zu drehen. Die Unebenheiten der Form sind bei 'drehend geblasenen' Gefäßen als Querriefen zu sehen, während bei still geblasenen sich die Innenseite der Formen in das Glas überträgt und demnach die selben Unebenheiten und die Formnaht aufweist. Aber auch Wappen oder Schriftzüge lassen sich auf diese Weise einprägen.

Klappmodel aus Metall in Modellgröße

Markenfirmen nehmen einen steilen Aufstieg: Unternehmen können mittels der eingeprägten Marken für sich werben. Sie sichern den Verbraucherinnen und Verbrauchern aber auch die sprichwörtliche Markenqualität zu. Dieser Trend setzt sich in Etiketten, die als Abziehbilder oder Siebdrucke auf die Flaschen gebracht werden, bis in die Gegenwart fort.

Ob kugelrund, mehreckig oder zylindrisch - die Formgebung läßt sich nun, am Ende des 18. Jahrhunderts, noch weitgehender beeinflussen. Ob zuerst eine technische Möglichkeit existiert, die Bedürfnisse weckt oder ob alltagliche Bedürfnisse und unternehmerisches Denken dazu führen, daß nach technischen Lösungen gesucht wird - die technische Möglichkeit, Behältnisse in ihrer Form dem Inhalt anzupassen, ist geschaffen.

In der Technik des Modelblasens stecken aber auch die weiteren Schritte hin zur Massenproduktion: Rationalisierung von Arbeitsabläufen, Produkte, die sich durch die vorgegebene Modelform gleichen. Durch die Reduzierung der Arbeitsschritte läßt sich auch die Produktion erhöhen - so entstehen mehr Flaschen und sonstige Glasgefäße wie Zubindegläser, Sturzgläser und Ballons pro Tag. Sie werden billiger und ihre Verbreitung wächst. Exakt gleich sind aber zunächst nur die Körper der Flaschen, denn die Model schließen

Die Entwicklung von frei- zu modelgeblasenen Flaschen wird an der äußeren Form deutlich: Hatten die freigeblasenen Flaschen (rechts aussen) noch eine gestauchte oder gestreckte Kugel- und Tropfenform, so eröffnet das Blasen in Modeln die technische Möglichkeit, nicht nur stets die exakt gleichen Formen, sondern auch Gefäße mit zylindrischen Wandungen herzustellen. So sind die beiden mittleren Flaschen von ca. 1750, modelgeblasen. Die beiden Flaschen links außen sind zwar frei geblasen, aber auf der Marbelplatte bearbeitet. Zweite Flasche von links von ca. 1720.

die Gefäßmündung nicht mit ein. Die Glasmacher müssen weiterhin die Mündungen selber formen. Die gleiche Form ermöglicht aber, Flaschen und andere Gefäße mit der gleichen Menge Flüssigkeit zu befüllen, so kann z.B. in das Model ein Eichstrich eingearbeitet werden, der sich dann auf jedem Gefäß, beispielsweise einer Bierflasche, abdrückt. Der Anfang zu einer Standardisierung ist gemacht. Eine Industrialisierung bei der Abfüllung von z.B. Schnaps, Wein, Bier, Mineralwasser wird möglich.

Beispiele für modelgeblasene Vorratsflaschen, von ca. 1820-1900: Die erste Flasche links ist stillgeblasen: eine eckige Form, die 'drehend' geblasen nicht entstehen kann.

Zu erkennen sind auch zwei verschiedene Mündungsformen: der umgelegte Glasfaden (z.B. erste Flasche von links) und der ausgezogene Rand (dritte Flasche von links). Die zweite Flasche von links ist mit einer sehr klaren Glasmasse hergestellt worden und wurde durch einen Korken verschlossen, und anschließend zugebunden.

Diese Flasche wurde frei geblasen und anschließend auf der Marbelplatte in diese Form gebracht. Nicht nur die schlierige Glasmasse, sondern auch die wellige Oberfläche und die ungleichmäßige Form, die durch das freie Blasen und die Bearbeitung auf der Marbelplatte entstanden ist, zeugen von einfacher Glasqualität und Produktionstechnik. Sie zeigt aber auch die Möglichkeiten, die trotz des freien Blasens bestanden: Dieses große Gefäß mußte von den Glasmacher während des freien Blasens in der Luft gehalten werden.

Zur Mündungsformung wurde ein Glasfaden um den Flaschenhals umgelegt.

Im 18. und 19. Jahrhundert werden von den Glasmachern neben Flaschen auch große und kleine Vorratsgefäße frei oder modelgeblasen. Die Vorratsgefäße sind zwischen 20 und 50 cm hoch, die Ballons zur Aufbewahrung von Wein oder Säuren sind noch größer. Das erforderte eine enorme Kraftanstrengung beim freien Blasen.

Zwischen Weithalsflaschen und Zubindegläsern liegt manchmal nur ein kleiner Unterschied (Bild rechte Seite unten). Beide Gefäße eignen sich zur Aufbewahrung von festen und flüssigen Stoffen. Die Gläser müssen möglichst keimfrei sein. „Zuvor werden die Flaschen in Sodawasser gut gereinigt, mit klarem, heißem Wasser nachgespült und geschwefelt. Das Schwefeln wird praktisch auf folgende Weise vorgenommen: Man kerbt einen Stock, der länger als die

Der Rand der beiden dunkelgrünen Gefäße im Hintergrund wird nach außen gezogen, so daß sie sich sowohl mit einem Korken verschliessen als auch zubinden lassen.

Dem linken Gefäß hat der Glasmacher zur Verstärkung der Mündung einen Glasfaden umgelegt.

Vorratsgefäße mit verschiedenen Randformungen aus der Zeit von 1840-1880. Sie werden frei- und modelgeblasen.

Dem linken Vorratsgefäß wird der Rand mit der Glasmacherschere abgeschnitten und anschließend verschmolzen, ohne ihn gegen den Korkendruck zu verstärken. Verschlossen wird das Gefäß durch Zubinden.

Gläser mit weitem Hals werden für die Aufbewahrung von stückigen Lebensmitteln, Gläser mit engem Hals eher für pastöse und flüssige Lebensmittel verwendet.

Den hellen Gefäßen im Vordergrund wird der Rand, die sogenannte 'Lippe', nach außen umgeschlagen. Sie werden beispielsweise zur Aufbewahrung von Fruchtbreien und Kompotten benutzt. Bei dem Gefäß rechts außen wird der Rand gerade abgeschnitten und durch einen Korken verschlossen.

Flaschen und so dünn sein muß, daß er gut in die Flaschen eingeführt werden kann, an einem Ende ein, klemmt in den Einschnitt ein Stückchen Schwefelfaden, zündet es an, hält die Flasche mit dem Hals nach unten hoch, fährt mit dem Schwefelfaden bis an den Flaschenboden, zieht den Stock heraus und führt ihn schnell in die nächste Flasche usw. Da Schwefeldämpfe schwerer als Luft sind und herunterfallen, wird auf diese Weise die ganze Flasche gut desinfiziert." [9]

Das Schwefeln von Einmachgläsern ist ein häufig angepriesenes Verfahren in zeitgenössischen Kochbüchern des 19. Jahrhunderts, besonders empfohlen wurde es für Früchte. Wenngleich nicht vergiftend, so ist diese Methode doch nicht besonders bekömmlich und findet heute keine Verwendung mehr zur Desinfektion von Konservengläsern. Andererseits ist eine Anwendung im Weinbau und bei der Produktion von Sherry auch für das 20. Jahrhundert belegt.[10]

Links: Weithalsflasche
Rechts: Zubindeglas
Die Gefäße haben
einen umgeschlagenen
Rand.
Mitte 19. Jh.

Die Form des Halses ermöglicht das Zubinden des modelgeblasenen Gefäßes. Die Mündung ist unverstärkt. Auf der Unterseite ist deutlich der eingestochene Boden und der Abriß zu sehen.

Sturzgläser,
2. Hälfte 19. Jh.
Sie werden freigeblasen,
mit Abriß.

Eine Familie, zwei Typen: Geht es um die Konservierung von Obst und Gemüse, so kommen die konisch zulaufenden ‚Mecklenburger Häfen' und die leicht bauchigen ‚Mittelweserhäfen' regional am häufigsten zum Einsatz. Sülze, Wurst, Marmelade, Gelee wird in sogenannten ‚Sturzgläsern' konserviert. Der Name ist Programm: Diese Gläser bieten durch ihre Form die Möglichkeit, den Inhalt auf eine Servierplatte zu stürzen.

Die ‚Mittelweser-Glashäfen' sind überwiegend zylindrisch geformt, die Wandungen weisen aber unregelmäßige Wellen auf. Schaut man die Gefäße an, so fällt auf, daß sie oft stark aus der Mittelachse herausgezogen sind. Diese Spuren eines manuellen Arbeitsprozesses lassen viel davon ahnen, daß auch die flüssige Glasmasse ein gewisses Eigenleben führt, das nur durch die langjährige Erfahrung eines Glasbläsers bezwungen werden kann. Die Gläser beider Typen sind ‚Zubindegläser', charakteristisch sind dafür die weiten Mündungen. Papier, eventuell mit Eiweiss getränkt, wird über den Rand gespannt und in der Rille, die durch das Umschlagen bzw. das nach außen ziehen des heißen Glases entstand, zugebunden. Anstelle von Papier wird auch Blase, Leinen oder Pergament eingesetzt. In den Kochbüchern des 19. Jahrhunderts wird dazu folgende Arbeitsanweisung gegeben: „ … Man legt die an einem recht trockenen kühlen Tage abgenommenen Früchte mit dem frischen Laube schichtenweise in Gläser oder Steingeschirre, verbindet diese mit Blasen, dann mit Leinwand, überzieht sie mit Pech und gräbt sie an einem trockenen Orte in die Erde oder hängt sie in einen Brunnen." [11]

„Seidenpapier bildet einen guten Verschluß für Gläser mit Marmeladen und Gelees, wenn es passend geschnitten, auf beiden Seiten durch zerschlagenes, wieder zerflossenes Eiweiß gezogen, vorsichtig über das betreffende Glas gelegt wird.

Mittelweserhäfen,
ca. 1820-1860.
Sie wurden freigeblasen und geformt,
der Rand wurde
abgeschnitten, erwärmt
und umgeschlagen.

Darüber wird ein trockenes zweites Blatt gebreitet und mit sauberem Tuche ringsum fest angedrückt. Wenn erforderlich, legt man darüber noch ein drittes Blatt."[12] In weiten Teilen der Glasproduktion war degefäße verwendet, die Verschlüsse konnten von den jeweiligen Benutzern individuell angepaßt werden. Eine übergeordnete Festlegung von Fassungsvermögen war nicht nötig, solange keine einheitlichen

Zubindegläser,
2. Hälfte 19. Jh.,
model- und freigeblasen,
mit einer Rille zum
Zubinden.
Der 'ausgestellte' Rand
ist fein ausgezogen.
Im Boden ist eine
Prägung zu erkennen:
1,5 l umfaßt das Gefäß.
Die blauen Schlieren in
der Glasmasse machen
die ungleichmäßige
Qualität deutlich.
Am Boden:
ein großer Abriß

die genaue Maßhaltigkeit der Gefäße zumindest von untergeordneter Bedeutung. Sie wurden in den Haushalten als Zubin- Verschlußsysteme und durch Konservierungsmethoden standardisierten Maßvorgaben dazu zwangen.

Der Form nach sind Zubindegläser die Vorläufer des klassischen Einmachglases á la WECK. Sie stehen im gleichen Verwendungszusammenhang wie die ,Mecklenburger'- und ,Mittelweserhäfen'.

Die weite Verbreitung von großvolumigen Gefäßen zeigt, daß Vorratshaltung einen hohen Stellenwert im täglichen Leben einnimmt. Es werden große Mengen konservierter Lebensmittel, überwiegend im Winterhalbjahr konsumiert.

Zubindegläser von ca.1850-1880 im Überblick. Frei- und modelgeblasen.

Die Ränder wurden mit der Glasmacherschere abgeschnitten und danach verschmolzen.

Naschendes Kind. Grafik von 1898

Bestimmte Nahrungsmittel werden in erheblichen Mengen konserviert, auch, weil die Familien größer als heute sind und die Vorräte bis zum nächsten Frühjahr reichen müßen, um die Versorgung der Familien zu sichern.

Notration und Überlebenshilfe für die Armen, Ergänzung des winterlichen Speiseplans für die wohlhabenden Familien - Vorräte nehmen einen unterschiedlichen Stellenwert im Alltag ein.

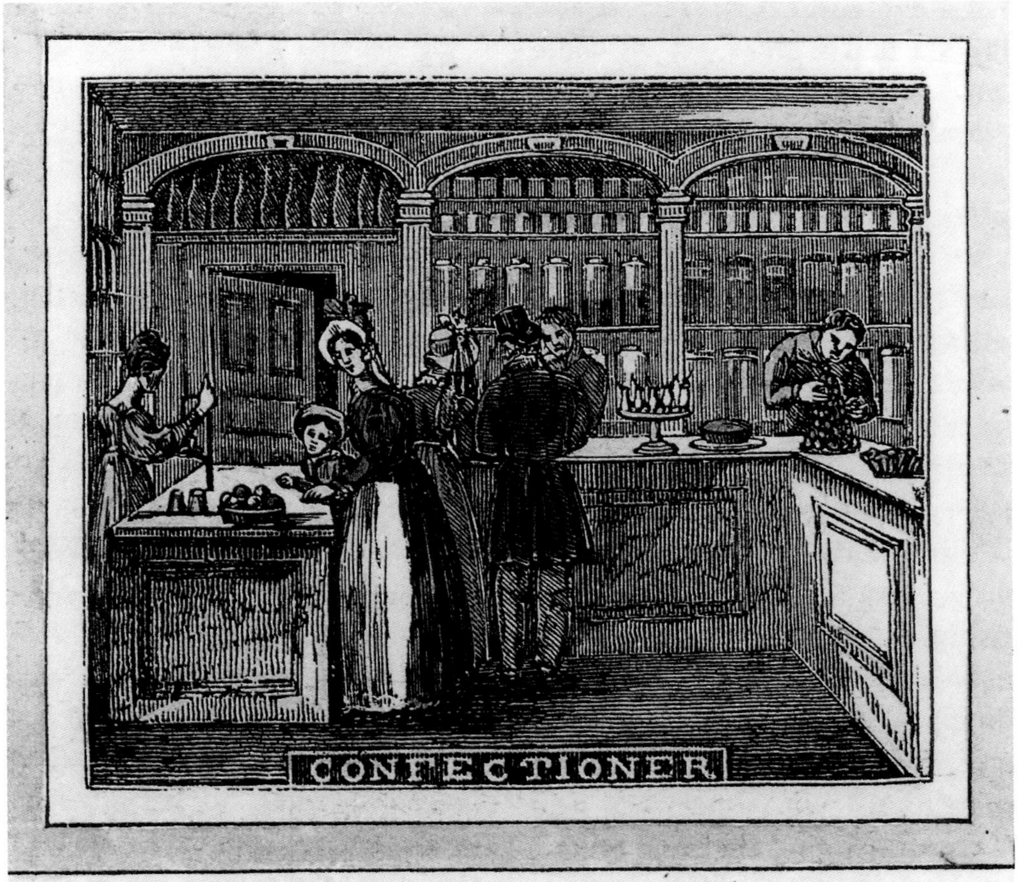

THE CONFECTIONER.

Der Konditor. Holzschnitt von ca. 1835

Das Zubindeglas wurde im Klappmodel stillgeblasen. Deshalb sind die sowohl waagerechten als auch seitlich senkrechten Nähte des Klappmodels sehr gut zu sehen.
Auch hier zu sehen: der umgelegte Rand.
Ca. 1880

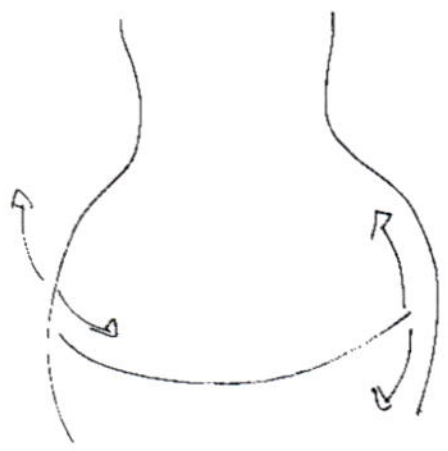

Funktionsskizze eines Klappmodels

Die bereits vorgestellten Gefäße werden in einfachen, d.h. einteiligen Modeln geblasen. Ist das Blasen im Model ein erster Schritt hin zur Industrialisierung der Arbeit und des Produkts, so bedeutet die Einführung des Klappmodels eine weitere Rationalisierung.

Aber auch eine spezifische Formgebung wird einfacher. So haben z.B. die Senfgläser schon seit Mitte des 19. Jahrhunderts eine Form, die bis heute noch auf den ersten Blick ein Senfglas erkennen läßt. In dieser Hinsicht nehmen Senfgläser eine Sonderrolle unter den Vorratsgefäßen dieser Zeit ein, denn eine industrialisierte Lebensmittelwirtschaft ist noch nicht entwickelt.Die Erkennung von Markenpersönlichkeiten oder ganz speziellen Lebensmitteln an der Form des Glases ist bis dahin nicht möglich, das Senfglas ist als erstes industrielles Verpackungsglas zu sehen. Noch ein Beispiel: Bis heute von Bedeutung ist die Maggi-Würze, die 1887 in ihrer typischen Glasform auf den Markt kommt.

Die Technik des ausgezogenen Randes (vorderes Senfglas) war ein weiterer Versuch gegenüber dem aufwendigen Umschlagen des Randes, die Produktion zu beschleunigen. Im Vergleich: Bei den beiden äußeren Gläsern ist ein umgeschlagener Rand zu sehen. Modelgeblasen, die Naht ist erkennbar.
Ca. 1850-1900

Entwicklung:

Bei dem Ballon rechts außen wurde der Rand schräg abgesprengt und ein Glasfaden umge-legt Er ist freigeblasen.
Ca. 1800

Der linke Ballon liegt in der Entwicklung zwischen den beiden rechtsstehenden Gefäßen. Er ist schon modelgeblasen.
Ca. 1860

Kennzeichnend für den Säureballon in der Mitte ist der Glasstopfen, in den Befestigungs-rillen für ein Drahtkreuz eingeschliffen sind.
Er ist modelgeblasen.
Ca. 1900

Ballons zählen ebenfalls zur Gruppe der Vorratsgefäße. Glasstopfen erhöhen die Sicherheit bei der Aufbewahrung von chemischen Stoffen. Mit einem Korken verschlossen, wird z.B. Wein darin bevorratet. Der Verschluß des Gefäßes mit einem Korken ist zugleich eine Form des Konservierens.

Die drei Ballons zeigen die technische Entwicklung zwischen 1800 und 1900. Sie werden sowohl frei- als auch modelgeblasen. Beim freien Blasen ist es nicht möglich, exakt ebene Böden mit sicherer Standfestigkeit für ein solches Füllvolumen herzustelllen, so daß die Ballons häufig mit Korbweiden umflochten wurden. Zudem dienen die Körbe als Bruchschutz und die Henkel als Transporterleichterung.

Korbflechter
Wilhelm Möller,
Rinteln-Exten (†)

Kurze Zeitspanne, aber viel Entwicklung: 1900-1930

Vollautomatisch hergestellt oder mundgeblasen

Einmachgefäße & Industriekonserven

Im Rennen um die Gunst der Konzerne und Verbraucher: Glas, Metall oder Kunststoff

Konservierungstechniken - Herstellung und Verwendung

Eine Zeit, in der das ‚Gleichzeitige des Ungleichzeitigen' überwiegt: 1905 geht die erste vollautomatisch Glas blasende Owens-Maschine in Betrieb, aber zur gleichen Zeit entstehen die Glasgefäße noch im Mundblasverfahren nach alten Techniken. Entscheidende Entwicklungen aus dem Ende des 19. Jahrhunderts setzen sich nun auf dem Markt durch: Die maschinelle Formung des Flaschenbodens und der Mündung. Neue Materialien, neue Verschlußtechniken kommen auf. Neue Verschlüsse für Bier- und Mineralwasserflaschen verändern die Abfüllung und weiten den Vertrieb aus.
Firmen entwickeln immer stärker ein Markenprofil und verändern damit den Markt.
Die Firma WECK revolutioniert die Vorratshaltung im großen Stil.
Die ersten Industriekonserven machen Furore.

Die Mündung wurde mit der Mündungszange bearbeitet.
Ca. 1900

Mechanisierung und Normierung: Der Weg zur vollautomatischen Produktion

In der Mundblasproduktion schreitet in der zweiten Hälfte des 19. Jh. die Industrialisierung der Arbeitsabläufe weiter voran: Durch eine weitere Mechanisierung der Mündungsformung und der Herstellung des Flaschenbodens beschleunigen sich die Abläufe, die Ergebnisse werden normierter. Werkzeuge wie die Mündungszange, der Einstich und der Patentboden ermöglichen diese Entwicklung. „Der ‚Einstich' ist ein manuell zu bedienendes Werkzeug, das einen Model für die Wölbung des hochzudrückenden Bodens enthält. Der Einstich wird von unten gegen den Boden gedrückt und bestimmt gleichmäßig die Höhe und Form der Flaschenwölbung sowie die Standfläche der Flasche. ... Neben dem Einstich wird auch der Patentboden im 19. Jahrhundert bei der Flaschenherstellung eingesetzt. ... Der Patentboden weist eine runde Vertiefung im Zentrum des gewölbten Bereiches sowie weitere runde Vertiefungen im flachen Randbereich des Bodens auf. Diese werden als Erhebungen am fertigen Flaschenboden sichtbar. Mit Hilfe des Patentbodens können auch Schriftzüge am Flaschenboden hergestellt werden."[13]

Die Erfindung der Mündungszange ermöglicht die standardisierte Bearbeitung z.B. der Flaschenmündung. „Der zentrale Stift wird in den Flaschenhals gesteckt. Zwei sich gegenüberliegende Model umgreifen dabei die Mündung von außen. Durch Drehen des Werkzeuges werden so eine gleichmäßige Kontur und Innenwandung erzeugt. Da die Formzange nach dem Auflegen eines Glasfadens angewendet wird, formt sie diesen zusammen mit der Mündung in einem Arbeitsgang."[14]

Die Konstruktion der Zange ermöglicht die Bildung von Mündungen in verschiedenartiger Größe und Kontur.

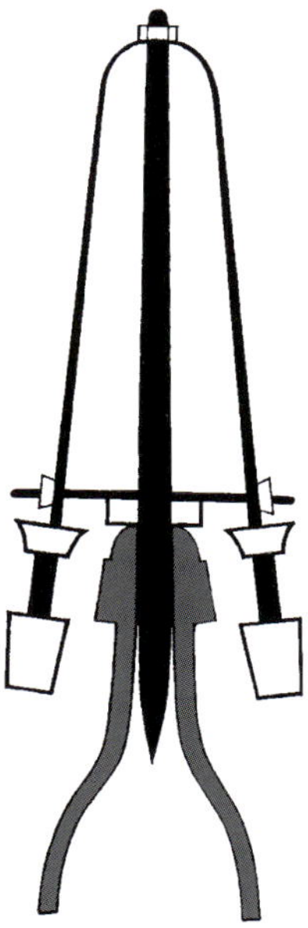

Die Mündungszange greift mit zwei Armen von außen an die Mündung, von innen wird sie von einem dritten Arm glatt ausgeformt.

Flaschen um die Jahrhundertwende: 2. von rechts ca. 1920, alle anderen ca. 1900

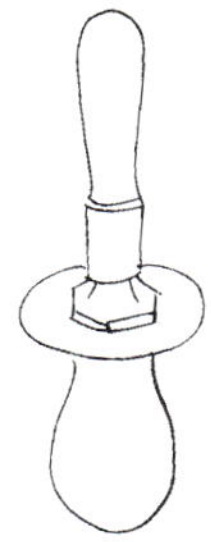

Einstichwerkzeug

Der Einstich im Boden wird mit einem speziellen Werkzeug, dem ‚Patentboden', durchgeführt: Der Boden sieht sehr gleichmäßig aus, ein weiterer Schritt zur Vereinfachung der Produktion. Der Einstich wurde nicht mehr mit dem Eisen (s. Skizze oben) in das Glas gedrückt, sondern das Glas wurde auf ein vorgeformtes Werkzeug aufgesetzt. Die Skizze links deutet den Patentboden an. Ca. 1900

Zwischenstufen in der weiteren technischen Entwicklung markieren den Weg hin zur vollautomatischen Flaschenblasmaschine. Zunächst wird in den 1880er Jahren neben der Verbesserung der Mündungszange ein Model erfunden, in das der angewärmte Flaschenhals gepreßt wird. „Dabei entsteht unter Drehung der Flasche eine vollkommen runde Halsöffnung mit einem glatten Ring und Rand. Diese Erfindung machte das manuelle Auflegen eines Glasfadens überflüssig, das nahe am Arbeitsloch des Ofens ausgeführt die Augen des Glasmachers stark belastete."[15]

Auch die Ofentechnologie entwickelt sich weiter. Der Wannenofen ersetzt den Hafenofen. Als Konsequenz daraus ist die Erfindung einer vollautomatischen Flaschenblasmaschine anzusehen. So heißt es in einer Veröffentlichung am Beispiel der Gerresheimer Glashütte, die seit 1881 Wannenöfen in der Produktion einsetzt: „Die ersten Schritte in der Richtung auf eine fließende Massenproduktion waren damit getan. Die wesentlich gesteigerte Produktion blieb allerdings an das Flaschenblasen mit Hand und Mund, also an die Zahl der Arbeiter gebunden. Von 14 Millionen Flaschen 1880 stieg die Produktion auf über 47 Millionen im Jahre 1890, auf mehr als das Dreifache, aber ebenso stiegen die Arbeiterzahlen von etwa 500 auf 1700."[16]

Nachdem bereits zwei Vorläufermodelle auf dem Markt waren, veränderte Michael Owens zu Beginn des 20. Jahrhunderts mit der Einführung der ‚Owens-Maschine' nachhaltig den gültigen Produktionsstandard. „Das Wesen der Owens-Erfindung liegt in der Ablösung des Mundblasens durch ein maschinelles Verfahren, bei dem die Maschine automatisch Glas aus der Wanne entnimmt, es zum Külbel formt und zur fertigen Flasche aufbläst."[17] Im Jahr 1903 kommt die sechsarmige, sich drehende ‚Saug-Maschine' auf den Markt. Vollautomatisch entnimmt sie die immer gleiche Menge flüssigen Glases, dreht sich eine Station weiter, und der Vorgang wiederholt sich. Der eigentlichen Schmelzwanne ist eine Arbeitswanne vorgelagert, die sich in die entgegengesetzte Richtung dreht. So wird stets an einer neuen Stelle Glas entnommen. Gleiche Flaschen, in Serie produziert, entstehen. 1905 liegt der Ausstoß der Maschine bei 18 000 Flaschen pro Tag. Nochmal im Vergleich: Ein guter Glasbläser produziert täglich etwa 200 bis 250 Flaschen.[18]

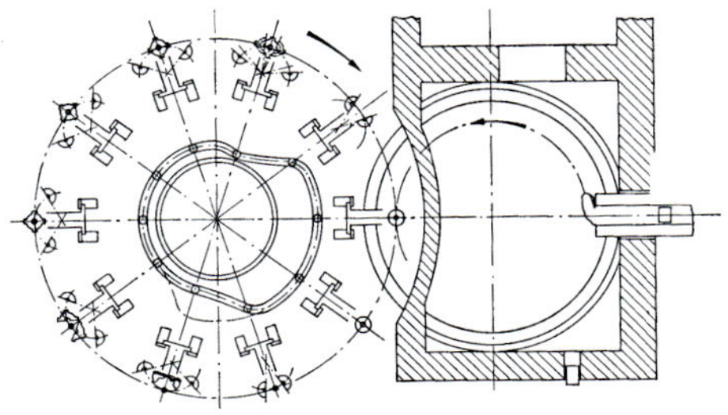

Funktionsskizze der Owens-Maschine mit 10 Armen. Die Pfeile deuten es an: Die ‚Drehwanne' bewegt sich in die entgegengesetzte Richtung zur Owens-Maschine.

Der Einsatz der Maschinen steigt schnell an: Zwischen 1907 und 1914 sind europaweit 60 Maschinen in die Produktion eingebunden. Die Maschine bekommt aber Konkurrenz: 1910 wird in den USA eine Speiser- (Feeder-) Maschine entwikkelt, die den Saugblasmaschinen wie der Owens-Maschine in der Glasqualität und Effizienz überlegen ist. Durch eine bessere Verteilung der Glasmasse in den Blasformen können diese Maschinen leichtere, dünnwandigere Glasgefäße herstellen. Ein weiterer Vorteil ist, daß an einer Wanne mehr Produktionseinheiten aufgestellt werden können. Das erklärt sich durch den Wegfall der vorgelagerten Drehwanne. Waren die Stationen der ersten Speisermaschinen im Kreis angeordnet, so handelte es sich bei der ‚IS-Maschine' (Individual Section), die bis heute den Produktionsstandard bestimmt, um eine Reihenmaschine. Dabei ist jede Station eine vollständige, in sich funktionierende

Hohlglasmaschine zur Herstellung von Eng- und Hohlglasgefäßen (vgl. Kapitel ‚Wie entsteht Glas?').

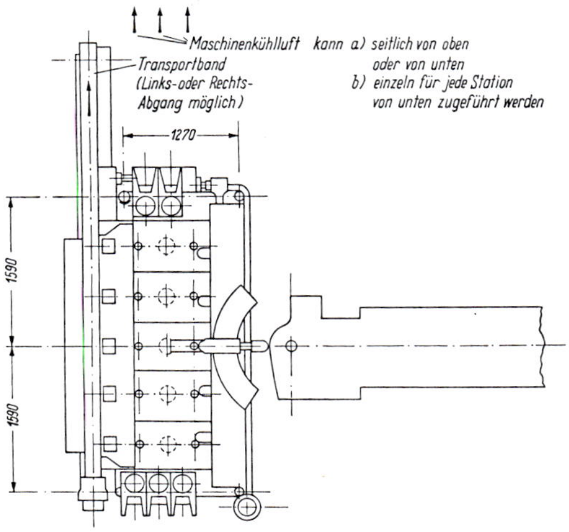

Grundriß einer IS-Maschine (Individual Section) der Firma Hartford. Zu sehen ist die Anordnung der einzelnen Stationen zu einer Reihenmaschine. Jede Station ist eine vollständig in sich vollautomatisch funktionierende Hohlglasblasmaschine.

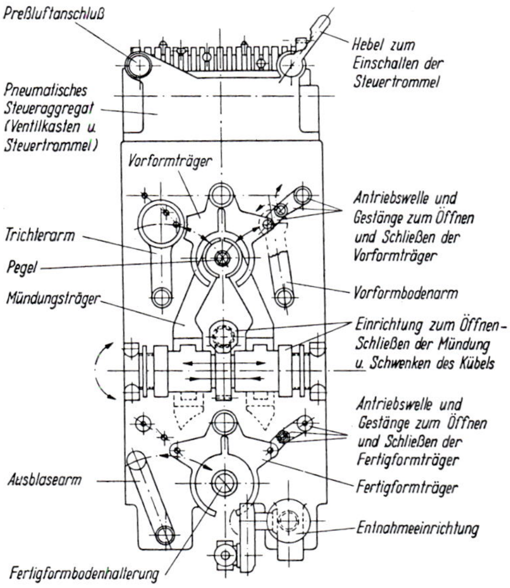

Schematischer Aufbau einer Hartford-IS-Station

‚Abgefüllt' - Bier, Essig und Opekta in Flaschen

Schneller, höher, weiter ... nach dieser Devise arbeiten nicht nur die Glashütten, sondern auch die Abnehmer des Behälterglases in der entstehenden Lebensmittelindustrie. Das betrifft industrielle Abfüller von Mineralwasser, Essig, Wein, Sekt und Weinbrand, Marmeladen und konserviertem Gemüse, Senf und Flüssigwürzen wie Maggi. Am frühesten und im größten Umfang macht sich diese Entwicklung aber bei den Brauereien bemerkbar. Nachdem in der zweiten Hälfte des 19. Jahrhunderts Großbrauereien die kleinen Hausbrauereien abgelöst haben, gehen sie Ende des 19. Jahrhunderts dazu über, den Flaschenbierhandel in eigener Regie zu übernehmen. Erst dadurch gewinnt Flaschenbier in Deutschland eine größere Bedeutung. „Starker Widerspruch gegen diese Neuerung kommt von Seiten der Gastwirtsvereinigungen, die um den eigenen Umsatz fürchten. Mit dem Trend zur Flasche entstehen neue Industriezweige, die die Brauereien mit ihren Produkten beliefern: Bierflaschen und -kästen, Flaschenreinigungsmaschinen, Flaschenabfüllapparaten bzw. Flaschenfüllmaschinen, Etikettier-, Stanniolier- und Korkmaschinen, Flaschenbierwagen."[19]

Nachdem bis etwa 1850 Flaschen, in die Bier abgefüllt wird, in der Regel mit Korken verschlossen und mit Draht verbunden werden, kommt ab etwa 1880 Bewegung in der Verschlußtechnik auf. Mit der Einführung neuer Flaschenverschlüsse werden die korkverschlossenen Flaschen zunehmend von Flaschen mit Schraubverschluß (Innengewinde) ab 1872, Bügelverschluß ab 1875 und Kronkorkenverschluß ab 1892 verdrängt. Obwohl die neuen Verschlußarten wesentlich praktischer sind als der Korkverschluß, findet dieser jedoch vereinzelt noch bis kurz nach der Jahrhundertwende Verwendung.

Mit der Einführung neuer Verschlußarten bei Bierflaschen nehmen Formenvielfalt und Unterschiede in der Größe und Glasfarbe zu. Die bisher dominierende Form der Patentflasche wird weitgehend durch andere Formen ersetzt. Neben dem bisher fast ausschließlich üblichen grünen Glas wurde nun vermehrt braunes Glas für Bierflaschen eingesetzt. Zudem machen die neuen Verschlußarten eine Anpassung der Mundstücke erforderlich. So hat die Lochmundflasche (Bügelverschlußflasche) für die Befestigung des Bügelverschlusses zwei Löcher im wulstigen Mundstück und daher auch ihren Namen. Bei der Bierflasche mit Schraubverschluß ist im senkrecht verstärkten Mundstück ein Innengewinde eingearbeitet, das für das Eindrehen des Schraubstopfens aus Hartgummi benötigt wird. Die Bierflasche mit Limonadenverschluß besitzt in der Mündungswulst eine Riefe zum Befestigen des Porzellanverschlusses und die Bierflasche mit Kronkorken hat am oberen Rand der etwas ausgebuchteten Mündung eine Riefe zum Halten des Kronkorkens. Ab etwa 1850 zunächst noch zögerlich, verbreitet sich ab 1880 in starkem Maße die Ausstattung der Bierflaschen mit einer erhaben auf dem Glas stehenden, reichhaltigen Prägung aus Schrift, Bildmotiven und Verzierungen. Die unterschiedlichsten Möglichkeiten, die Flaschen individuell zu gestalten, werden von den Brauerein und Verlagen gerne genutzt. Sie sehen darin eine gute Möglichkeit zur Werbung und

Vollautomatisch geblasene Bierflaschen mit verschiedenen Verschlüssen: Kronkorken (Erste und zweite Flasche von links), ‚Patentverschluß' (die nächsten drei Flaschen), Schraubverschluß mit Innengewinde

Drehverschluß mit Innengewinde

Kronkorkenverschluß

rechts: Limonadenverschluß

zur Besitzanzeige. Erst nach dem 1. Weltkrieg, mit der verstärkt einsetzenden maschinellen Massenproduktion von billigen Flaschen, wird zunehmend auf diese teurere Flasche verzichtet. Die Abkehr von der individuell hergestellten Flasche hin zu einer Standardisierung erfordert eine Beschriftung durch Ätzen oder Sandstrahlen. Die preiswerteren Papierettiketten finden als Werbeträger immer größeren Einsatz." [20]

‚Reines' Bier für die Flaschenabfüllung

Industrialisierte Massenabfüllung hat auch Auswirkungen auf das Herstellungsverfahren des Inhalts. Parallel zur Abfüllmenge steigt auch das Risiko der Verunreinigung und die Notwendigkeit der Regelung und Kontrolle. Die Einhaltung des Reinheitsgebot wird durch die industrialisierte Massenabfüllung umso notwendiger. Bier wird aber nicht immer in der gleichen wünschenswerten Qualität geliefert. So bemüht sich schon in den Jahren 1836 bis 1840 die Verwaltung der Provinz Westfalen gemeinsam mit dem preußischen Innenministerium darum, die Qualität der Biere im Regierungsbezirk Münster zu verbessern. Hintergrund dieser Aktion des Innenministers und des Oberpräsidenten Vincke ist das Bestreben, per Verordnung in den Schankwirtschaften „neben dem Branntweine jederzeit ein wohlausgegohrenes klares und wohlschmeckendes Bier" als „wirksames Mittel zur Verminderung des Branntweintrinkens" anbieten zu lassen.[21] Anders als der Branntwein, dessen Mißbrauch allent-halben beklagt wird, gilt Bier als Lebensmittel, das ebenso als Getränk gereicht wie in Suppen verarbeitet wird. Bierkonsum als Gegenmittel gegen Branntweinmißbrauch - eine einträgliche Alternative für die Brauereien. Ohnehin werden mögliche Suchtfolgen von Politik und Braugewerbe in erster Linie dem Trinker selbst zugeschrieben, weil nach einer damals verbreiteten Einschätzung die Trinker aufgrund fehlender moralischer Festigkeit selbst die Schuld an ihrer Lage hätten. Die Initiative der preußischen Verwaltung von 1836 weist aber auch darauf hin, daß es die Brauer mit dem „Reinheitsgebot", heute ein Argument der Brauereiindustrie in der Auseinandersetzung mit den EU-Normen, nicht allzu genau nehmen. Tatsächlich hat dieser 1516 von Herzog Wilhelm IV. von Bayern ausgesprochene Erlaß bis zum Ende des 19. Jahrhunderts keine Bedeutung. Der Erlaß besagt, daß nur Gerste, Hopfen und Wasser von den bayrischen Brauern als Grundstoffe verwendet werden sollten. Gärhefe als Zusatzstoff wird noch nicht berücksichtigt - ihre Wirkung ist noch nicht bekannt. Die Gärung wird durch die in der Luft befindlichen Hefepilze ausgelöst. Erst 1872 wird vom Deutschen Brauer-Bund das Verbot aller Zusatzstoffe in Deutschen Bieren gefordert. Und noch einmal 34 Jahre später, 1906, wird dann für Preußen mit dem preußisch-norddeutschen Biersteuergesetz geregelt, daß ausschließlich Gerstenmalz, Hopfen, Wasser und Hefe für untergärige Biere verwendet werden dürfen. [22]

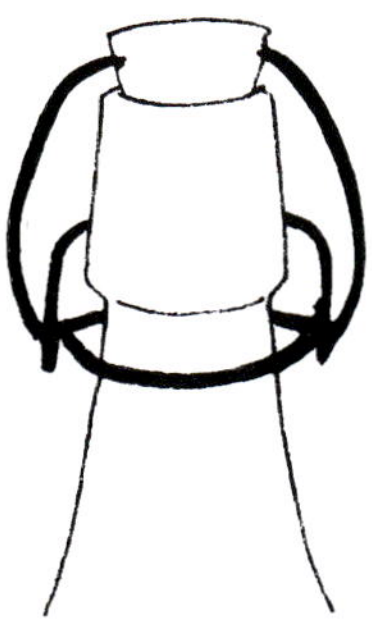

oben:
Patentverschluß

rechts:
Die Grafik „Für drei Groschen Glückseligkeit" macht die Stimmung dieser Zeit deutlich: Branntwein-Säufer werden mit moralischer Verwerfung und sozialem Abstieg in Verbindung gebracht.

Die Dortmunder Union-Brauerei hat in der technologischen Entwicklung die Nase vorn. Die vollautomatische Befüllung beginnt hier in den 50er Jahren. Der ständig steigende Anteil des Flaschenbierabsatzes erschließt den Brauereien neue Einnahmequellen. Die Verbreitung von Bierflaschen und die Entwicklungen in der Verschlußtechnik stehen in Zusammenhang mit den Änderungen im Vertrieb und beim Transport des Bieres. „Der Vertrieb erfolgte anfangs ausschließlich mit Zugfuhrwerken, in der Regel mit Pferden, jedoch sind auch Ochsen-,bzw. Kuhgespanne belegt."[23] Möglich ist diese Ausdehnung des Absatzmarktes durch die Industrialisierung des Brauereiwesens. Biertransporte in entfernt entfernt gelegene Gebiete werden auf die Eisenbahn verlagert. Im Nahbereich behaupten sich - besonders für den Faßbierhandel - die Fuhrwerke, obwohl schon Anfang des 20. Jahrhunderts die ersten Kraftfahrzeuge in Dienst genommen werden. Die Transportkosten schlagen als Betriebskosten erheblich zu Buche. So verursacht der Unterhalt von Wagenpark und Pferdegespannen erheblichen finanziellen und personellen Aufwand. Hinzu kommt ein Anstieg der Betriebskosten durch eine räumliche Erweiterung des Absatzmarktes. Das verteuert aber auch den Vertrieb nicht unerheblich, wie Vergleichszahlen belegen: Können mit einem einzelnen Gespann Pferde in einer dichtbesiedelten Großstadt jährlich etwa 5000 Hektoliter Faßbier transportiert werden, so werden mit einem Gespann Pferde im Flaschenbierversand lediglich 1500 bis 1700 Hektoliter bewältigt. [24]

oben:
LKW-Fuhrpark der Dortmunder Union-Brauerei in den 30er Jahren. Die ersten Lieferwagen sind seit 1911 im Einsatz.

links:
Die Postkarte „Ein Flaschenkind", von etwa 1900, macht deutlich, daß Transport und Lieferung von Bier personalintensiv war.

Auch in Dortmund besorgt die Ritterbrauerei bis 1911 die Auslieferung mit Pferdefuhrwerken. Der erste LKW wird 1911 angeschafft, zwischen 1914 und 1924 kommen 15 weitere Automobile hinzu.

Postkarte der Ketschenburg-Pilsener Brauerei, 30er Jahre

oben:
Der Biersyphon bringt das ‚Gleichzeitige des Ungleichzeitigen' in *einem* Gefäß ‚auf den Punkt': Von der technischen Entwicklung eigentlich schon überholt, wird er benutzt, um aus der Gastwirtschaft, der Brauerei oder dem Bierverlag Bier für den unmittelbaren Gebrauch zu holen. Er verfügt aber auch über einen Bügelverschluß, der den Stand der technischen Entwicklung widerspiegelt. Also ein modernisierter Steinkrug?

Während die Glashütten und die Brauereien boomen, wird noch von 1880 bis etwa 1940 der Biersyphon als Transportgefäß für den Hausgebrauch genutzt. Kennzeichnend sind der ‚Limonadenverschluß' und ein Metallhenkel zum Tragen. Brauereien oder Verlage zapfen dort hinein das Bier. In Syphons geholtes Bier ist günstiger als Flaschenbier. Zudem hat man keine Umstände mit dem Flaschenpfand und dem Rücktransport leerer Flaschen.

Essig, das erste Konservierungsmittel

Es wird aber nicht nur Bier abgefüllt, verschlossen und transportiert, sondern auch andere Flüssigkeiten, wie Mineralwasser, Essig oder das Geliermittel Opekta. Der Kronkorken, 1892 von William Painter in England erfunden, wird schon Anfang der 30er Jahre dieses Jahrhunderts als Verschluß für Mineralwasser, Essig und Opekta unschlagbar. Als Verschluß für Bierflaschen setzt er sich in Deutschland erst ab den 60er Jahren durch - nach der Einführung der Euro-Normflasche.

Essig - Ein ‚Klassiker' kommt in die Flasche

Essig, Konservierungsmittel seit nahezu dreihundert Jahren, ein uraltes Produkt, das die technische Entwicklungsgeschichte rund um's Abfüllen, verpacken, verschliessen mit vollzogen hat.

Roswitha Beland von der Carl Kühne CoKG berichtet: „Das erste Produkt, das Kühne hergestellt hat, war Essig und nichts diente damals mehr dem Konservieren als eben Essig. Trotzdem gilt Essig natürlich im klassischen Sinne nicht als Konservierungsmittel, ist also nicht etwa Chemie; schon gar nicht Kühne-Essig. Es gibt Essige, die auf chemisch hergestellter Essigsäure basieren, und es gibt natürlichen biologischen Gärungsessig, so wie Kühne ihn herstellt.

Kleine Geschichte der Mineralwasserflaschenverschlüsse: Steinkrug (rechts), Flasche mit Glaskugel (zweite von rechts), Drehverschluss mit Innengewinde (vierte von rechts), Limonadenverschluss, (dritte von rechts), mit Kronkorken und schließlich hier als geschichtlicher Vorgriff der Drehverschluß mit Außengewinde und Sicherheitsring.

rechts:
Essigproduktion bei der Firma Carl Kühne, Hamburg, etwa 1939. Zur Bedienung der ‚Schwerkraftbefüller' werden die Flaschen per Hand auf die Maschinen gesteckt, der Essig läuft aus dem Hahn in die Flasche. Die verdrängte Luft entweicht nach oben. Von Hand werden die Flaschen wieder entnommen.

rechts:
„Surol", der erste Markenessig von Kühne, wird etikettiert. 1928 entwickelt, erfordert die Maschine das Einlegen der Flaschen per Hand. Das Etikett klebt die Maschine auf, die Flasche wird von Hand wieder entnommen.

Abgefüllt, verschlossen mit Kronkorken und Staniolfolie, etikettiert, in Kisten verpackt ..., seit etwa den 1920er Jahren tritt der Essig mit einem ‚Elevator' die Reise durch den Betrieb bis zum Lager an.

Etwa seit der Jahrhundertwende führt Kühne seinen Haushaltsessig unter der Marke SUROL. Das Wort hat eine Geschichte, die typisch für die Zeit der Jahrhundertwende ist: Streicht man von dem Wort ‚Sauerkohl' jeden zweiten Buchstaben weg, ergibt sich das Wort SUROL - aus solchen Wortspielen sind früher häufig Markennamen entstanden.

Ursprünglich wurde der Essig in Sektflaschen abgefüllt, die mit Korken verschlossen wurden. Zeitweilig war es so, daß in der Saison die Angestellten sehr wohl mithalfen, die Flaschenzuzukorken und die Originalitätsstreifen über Korken und Flasche zu kleben. Das alles war immer noch zu der Zeit, als Kühne schwere Glasflaschen als Pfandgebinde führte und sogar von den Händlern die Kisten gegen Pfand zurücknahm. Betrachtet man heute die Essigflaschen von Kühne, so ist festzustellen, daß sie eigentlich nur Variationen der Urform sind, nämlich der Sektflasche. Das hat auch etwas mit dem Qualitätsanspruch zu tun, den Kühne nach wie vor an seine Essige stellt - Kühne Essig hat Champagnerflaschen verdient."[25]

Opekta- hilfreicher Flaschengeist

Die Entwicklung des Hilfsmittels Opekta steht im Zeichen der Zeit. Zu Beginn des Jahrhunderts verändert sich die Rolle der Frauen: die erste Frauenbewegung entsteht. Bedingt durch den Krieg werden mehr Frauen berufstätig, jedoch findet eine grundlegende Veränderung in der Verteilung der Haushaltsarbeit nicht statt. Auch die technischen Erfindungen und Werbeaussagen passen sich im Laufe der Jahrzehnte den wechselnden politischen Rahmenbedingungen an. Mal wird das Bild der kompetenten, berufstätigen und

Werbung der Firma Carl Kühne KG in den 30er Jahren

modernen Frau umworben. Unter veränderten politischen Vorzeichen wird daraus das Idealbild der Hausfrau und Mutter.

So ist auch die Entwicklung von Hilfsmitteln wie Opekta in gesellschaftlichen Zusammenhängen zu sehen. Alles, was in den 20er und 30er Jahren die Arbeit im Haushalt vereinfacht und beschleunigt, die Doppelbelastung als Hausfrau und Berufstätige ermöglicht, steht hoch im Kurs. Die ‚Frankfurter Küche', Vorläufermodell der heutigen Einbauküchen, elektrische Küchengeräte und chemische Kochhilfen stehen für einen modernen Haushalt.

Anleitungen zum fachgerechten Umgang mit Opekta werden als Heftchen herausgegeben.

Bei der im 19. Jahrhundert üblichen Methode der Marmeladen- und Geleeherstellung werden pektinhaltige Früchte mit Zucker versetzt und etwa 1/2 bis 1 Stunden gekocht. Die Entwicklung von Hilfsmitteln wie Opekta verkürzen die Einkochdauer auf 10 Minuten und erhöhen durch ein enthaltenes Konservierungsmittel die Haltbarkeit. Später wird der Gelierzucker entwickelt, ein normaler Zucker, dem bereits Apfel-Pektin und das natürliche Konservierungsmittel Zitronensäure zugesetzt sind. Dadurch verkürzt sich die Kochzeit für Gelees und Marmeladen erneut auf nur 4-5 Minuten.

Verpackungsflaschen für das Geliermittel ‚Opekta' werden mit einem Kronkorken verschlossen.
Die Entwicklung von Hilfsmitteln wie Opekta verkürzt die Einkochdauer und erhöhen die Haltbarkeit.

Revolution in der Konservierung von Lebensmitteln

So ähnlich hätten die Zeitungschlagzeilen lauten können bei Bekanntwerden der Weck'schen Erfindung, dem ‚Einkochen'. Für viele Jahrzehnte, bis zum Entstehen der industriellen Konservierung in den 50er Jahren, ist das ‚Einwecken' die Methode, mit der die Hausfrauen Lebensmittel jeglicher Art haltbar machen.

1900 gegründet, entwickelt die Firma J. WECK GmbH u. Co.KG auf der Grundlage der Erfindung von Dr. Rudolf Rempel die Technik des Einkochens, von Lebensmitteltechnikern auch ‚Tyndalisieren' genannt. Das Funktionsprinzip ist einfach: „Hierzu wird bei Temperaturen bis 100 Grad Celsius das Produkt in Gläsern, z.B. von WECK, durch mehrmaliges Erhitzen haltbar gemacht. Beim ersten Durchlauf werden nur die lebenden Keime abgetötet. Die Sporen der abgetöteten Keime haben überlebt. Während einer Ruhezeit keimen die Sporen aus und können nun bei einem zweiten Durchlauf als lebende Mikroorganismen ebenfalls abgetötet werden."[26] Bedingt durch die ungleichmäßige Hitze der kohlebefeuerten Öfen wird aus Sicherheitsgründen in den

WECK-Werbeplakat von ca. 1932

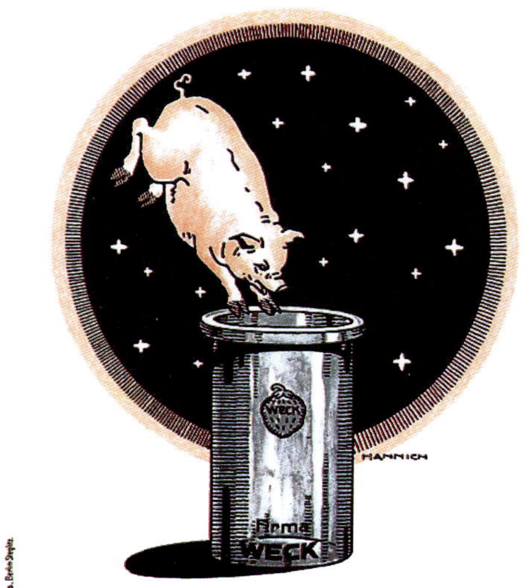

Ratgebern der Firma WECK folgende Empfehlung bis in die 60er Jahre ausgesprochen:
Im Ersten Durchgang soll das Einkochgut 90 Minuten, nach drei Tagen im zweiten Durchlauf nochmal 30 Minuten einkochen. Seit dieser Zeit werden überwiegend elektrisch betriebene Einkochtöpfe in den Haushalten eingesetzt, die Wärmezufuhr findet steuerbar und kontinuierlich statt, was die Sicherheit erhöht. Dadurch bedingt ändert sich die Einkochanleitung von WECK. Geraten wird das Einkochen für die Dauer von zwei Stunden, lediglich rohes, nicht vorgegartes Fleisch muß drei Stunden eingekocht werden.

Die Erfindung des Gründers der Firma WECK, Johann Weck, reiht sich in die Bemühungen verschiedener gesellschaftlicher Kräfte um eine gesunde Lebensweise ein. Eberhard Hackelsberger, Nachfahr eines Firmenmitbegründers, beschreibt das so: „Johann Weck arbeitet relativ wenig kaufmännisch und viel propagandistisch, wie man damals gesagt hat. Er ist ein manischer Vielschreiber, ein echter Missionar. Er will die gesunde Lebensweise durchsetzen. Der Alkoholismus in Deutschland ist ein sehr gravierendes Problem, in erster Linie in der Arbeiterschaft - und meistens ist es Schnaps. Branntwein wird als Getränk, aber in finanzieller Not auch als Lebensmittelersatz für ‚Brennstoffe' dem Körper verabreicht. Insgesamt sind das katastrophale Zustände und dort setzt die Tätigkeit der Anti-Alkohol-Liga an. Das ist eine engagierte Organisation zur Rettung der deutschen Volksgesundheit, der Johann Weck mit Tatendrang beisteht. Die Idee von Rempel setzt er in diesem Sinne ein, er will u.a. mit den alkoholfreien Säften Deutschland retten. Die Firma WECK wird gegründet. Er erwirbt das Patent, das die Witwe von Dr. Rempel zwischenzeitlich an den ehemaligen Arbeitgeber ihres verstorbenen Mannes, Direktor H.C. Hüssener, verkauft hat und gründet gemeinsam mit Georg van Eyck die Firma J. WECK u. Co. Zunächst arbeitet WECK als reine Handelsfirma, die alle benötigten Einzelteile bei verschiedenen Firmen produzieren läßt.

Firmenplakat von WECK vom Anfang des Jahrhunderts, aus der Zeit des ‚Jugendstils', von 1907.

Georg van Eyck tritt in die Firma ein und beginnt mit einem modernen Marketing: Er macht Schulungen ,vor Ort' in Pfarrhäusern, Kochschulen, Vereinen, örtlichen Hausfrauenvereinen - also dort, wo diese Artikel auf Interesse stoßen, wo sie hochpreisig verkauft werden können. Die Gläser sind vorerst noch ,Upper-class-Produkte' für den modernen, finanziell gut gestellten Haushalt. Erschwinglich für die Arbeiterschaft werden die Gläser im großen Stil erst nach 1925, nach der Einführung der vollautomatischen Produktion. Ein routinierter Glasbläser kann etwa 100 gute Stück am Tag blasen. Der Automat macht am Tag 25-30.000 Gläser."[27]

Werbeplakat der Firma WECK aus den 30er Jahren.

Das Werbeplakat bringt's auf den Punkt: Einkochen ist gesunde Ernährung für den Winter, Bewirtschaften und Bevorraten eines Haushalts, weg vom ,Hand-in-den Mund-Leben'.

Dann verändert sich der Alltag nachhaltig: Arbeitergärten ermöglichen eine billige Produktion von Gemüse und Obst. Aber erst das Einwecken macht die Versorgung von Gemüse und Obst, Fleisch und Wurst über's ganze Jahr für die gesamte Bevölkerung möglich. Einkochen nach der WECK'schen Methode wird zur alltäglichen Normalität im Leben der Hausfrauen weit über Europa hinaus. Im Krieg ist besser dran, wer was zum Einmachen hat, aber auch in der harten Nachkriegszeit verhält sich das nicht anders. Erst in den 50er Jahren erhält das Einwecken Konkurrenz durch die entstehende Konservenindustrie. Aber zwischenzeitlich sind Tradition und Selbstverständnis des Bewirtschaftens eines ,ganzen Haushalts' einer mehrköpfigen Familie, nicht selten mit vielen Kindern zum Bestandteil im deutschen Alltag geworden.

Ursula Klages erinnert sich: „Wir hatten einen großen Garten mit viel Gemüse. Das mußte abgeerntet werden, sobald es reif war. Das Erste waren Erbsen - pflücken, auspuhlen, waschen, und das möglichst dann, wenn kein Gewitter in der Luft liegt, sonst wären die Gläser gleich wieder

WECK-Einkochtopf

Werbeplakat der Firma WECK von 1930

aufgegangen. Die Erbsen habe ich dann kühl gestellt, aber möglichst am selben Tag noch eingekocht. Dazu wurden die Gläser gewaschen, durch heißes Wasser gezogen, nachgespült, dann auf den Kopf gestellt, damit das Wasser ablaufen kann und schließlich die Erbsen eingefüllt, so roh wie sie waren. Dazu kam ein wenig Salz, frisches Wasser wurde aufgefüllt, die Ränder wurden sauber gemacht und neue Ringe drauf gelegt. Das war wichtig, damit die Gläser auch dicht abschließen konnten. Schließlich kam der Deckel drauf, eine Klammer drüber und das Ganze in den Einkochtopf. Auf dem Thermometer stand drauf, mit welcher Temperatur die verschiedenen Gemüse gekocht werden müssen, um gar zu werden. Das Thermometer wurde in den Topf gesteckt, um zu sehen, wann es kocht. Die Gläser mußten neunzig Minuten kochen und am darauffolgenden Tag nochmals 30 Minuten. So habe ich es von meiner Mutter gelernt und weitergeführt, solange ich noch auf dem kohlengefeuerten Herd eingekocht habe. Seitdem ich mit dem elektrischen Einkochtopf arbeite, brauche ich nur noch in einem zweistündigen Durchgang zukochen, damit die Gläser zubleiben. Wenn die Möhren reif waren, habe ich das Glas zu 3/4 mit Erbsen gefüllt und oben drauf noch einige Möhren gelegt, das hielt besser als reine Erbsen-Gläser. Wir haben auch Bohnen eingekocht, bei denen mußte man besonders sauber arbeiten - denn

Denk' an den Winter ...
Vor dem Schlachten ...

Das erlegte Schwein - Stolz der ganzen Familie

diese Gläser gingen sehr leicht auf. Aus solchen Gläsern haben wir nichts mehr gegessen, das war zu gefährlich. Deshalb hat sich auch niemand in unserer Familie vergiftet.

Ich habe sogar Blumenkohl eingekocht. Damit der weiß blieb und seinen eigenen Geschmack behielt, mußte man spezielle Tabletten zugeben. Dadurch war er wunderschön, wie frisch gekocht. Das hätte ich nicht für möglich gehalten. Aus den Äpfeln habe ich Apfelmus gemacht oder

Fotografie aus einem Werbeprospekt der Firma WECK, Anfang des Jahrhunderts.

ich habe sie in Spalten geschnitten. Manchmal habe ich auch ‚3-Frucht' aus Äpfeln, Zwetschen und Birnen gemacht, das war etwas leichter. Das Obst hat man gewaschen, geschält, geschnitten, die Pflaumen entsteint und dann schichtweise in Gläser getan, Zucker und zu 3/4 Wasser drauf. Die Ränder mußten wieder abgewaschen werden, die Ringe und der Dekkel wurden aufgelegt.

Mehrere hundert Gläser mit Obst und Gemüse habe ich in jedem Jahr eingekocht. Zunächst hatten wir im Herbst nur ein Schwein geschlachtet, aber später, als wir mehr Kinder hatten, wurden jeden Winter zwei Schweine zu Schinken, Fleisch und Wurst gemacht. Das erste Schwein im November oder Dezember und wenn Ende Februar das zweite geschlachtet wurde, war das erste Schwein schon fast aufgegessen. Etwa 100 Gläser habe ich davon eingemacht. Anfangs habe ich das Fleisch auch noch gebraten in die Gläser getan und dann zwei Stunden zugekocht. Dazu brauchte man 2-Liter-Gläser. Als erstes wurde aber die Wurst gekocht, weil die eher weg mußte, dann zwischendurch das Fleisch gebraten, der Flomen ausgelassen und Schmalz gemacht.

Ernteeinsatz, 30er Jahre

Hausschlachtung mit Familieneinsatz

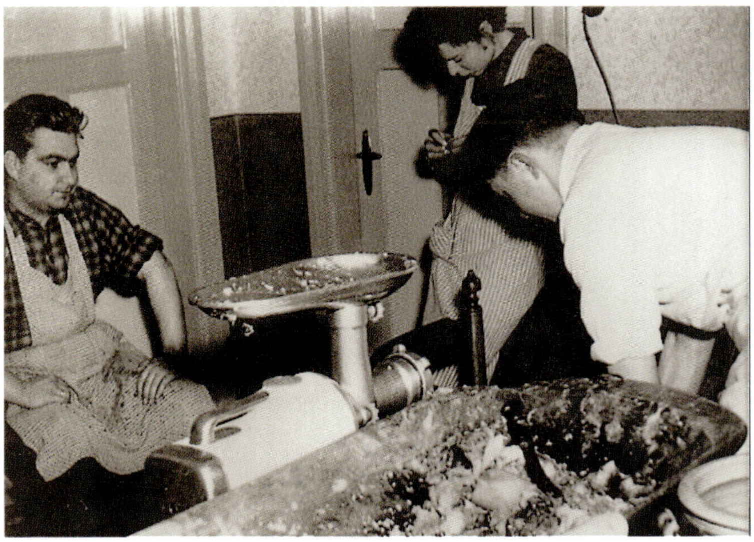

Flomen sitzt auf den Rippen, das sind so große Fladen, an denen die Nieren noch mit dransitzen. Die schnitt man in kleine Stücke oder drehte sie durch den Fleischwolf. Ich hatte einen großen Bratentopf, in dem der Flomen ausgelassen wurde. Das konnte man aufs Brot streichen oder als Fett für's Pfannkuchen backen nehmen. Es wurde alles verwertet. Wurst habe ich in kleinen Gläsern eingekocht, denn man mag nicht so lange an der selben Sorte essen. Das waren Sturzgläser, die eine gerade Wand hatten und oben etwas weiter waren.

Fast jeder schlachtete und kochte ein, alle hatten Gärten mit Obst und Gemüse. Es war eine erhebliche finanzielle Ersparnis.

Ernteeinsatz, 20er-30er Jahre

Die Kinder und mein Mann mochten das auch sehr gerne essen. Meine Gläser waren auch meistens aufgebraucht, nur selten waren im nächsten Jahr noch einige übrig. Viele halten es für einen Aberglauben, daß Frauen, wenn sie ihre Regel

Denk' an den Winter ...

haben, nicht einkochen sollten. Ich meine aber, daß das stimmt. Ich weiß das schon von Kindheit an. Auch meine Mutter hat das nur einmal gemacht, bei Spinat, und danach sind einige Gläser aufgegangen. Obst mag da nicht so empfindlich sein, aber bei Fleisch und Gemüse sollte man sehr vorsichtig sein. [28] Was in den ersten Jahrzehnten dieses Jahrhunderts noch wegen mangelnder Hygienemöglichkeiten auftritt, ist in unseren Tagen als Problem nicht existent. An den Regeltagen transpirieren Frauen stärker, auch über die Haut der Hände. Dabei treten agressive toxische Stoffe nach außen, die das Einkochgut zum ‚Umkippen' bringen können. Durch mehrfaches Händewaschen am Tag, heute ebenso normal wie die tägliche Dusche, tritt dieses Phänomen nicht mehr in Erscheinung.

„Mein Stolz war aber, daß fast alle Gläser zublieben, schließlich war das alles ein enormer Arbeitsaufwand. Wir hatten ein großes Haus gemietet, einen großen Garten zu bewirtschaften. Mein Mann hat damals noch geholfen, der hat das Kraut gehackt. Das Einsäen mußte ich aber selber machen, und auch das Pflükken und Einkochen. Manches mal hab' ich bis halb eins in der Nacht eingekocht. Mit Fleisch und Wurst habe ich jedes Jahr fast 600 Gläser eingekocht."[29]

Verschiedene Firmen stellen Einkochgläser her, doch schnell wird ‚WECK' zum Inbegriff des qualitätvollen Einkochens, was auch die Benennung der Tätigkeit als ‚Einwecken' beschreibt.

Es sind aber nicht nur die Produkte verschiedener Firmen auf dem Markt. WECK selber stellt verschiedene Sorten von Einkochgläsern her. Ob Rillengläser, Massiv- und Schleifrandgläser den heimischen Keller füllen, hängt mit Preisunterschieden und unterschiedlichen Vorzügen zu zusammen. „Die Schleifrandgläser haben einen ganz glatten Rand, bei den anderen ist eine Vertiefung drin, die Rille. Die Schleifrandgläser konnte man leichter wieder öffnen, die Rillengläser waren aber preisgünstiger."[30] Sie waren aber nicht immer erhältlich, in den Vorkriegs- und Kriegsjahren wurden die Schleifrandgläser knapp.

„1936 sprach niemand von ‚nicht-Kriegswichtig', sondern es hieß ‚für die Volksversorgung nicht wichtig'. In diesem Zusammenhang wurde die DIN-Norm für Einkochgläser eingeführt, und damit kamen auch die Rillengläser auf den Markt. Wir haben noch die ganzen Unterlagen des DIN-Ausschußes, in dem gerungen wurde, welche Normen eingepaßt werden. Jede Glashütte mußte eine bestimmte Prozentzahl Einkochgläser herstellen, aber Schleifrandgläser wurden nur noch der Firma WECK gestattet, weil zu deren Herstellung Schleifmittel verwendet wurden, die für die Rüstungsindustrie gebraucht wurden. Schleifmittel waren absolute Mangelware. 1925, nach der Einführung der Vollautomaten, wurden die Kappen nicht mehr abgesägt, der Rand wurde nur noch mit Schleifmittel glatt geschliffen. Das war der effektive, ganz große Schritt, denn der Vollschliff, bei dem etwa ein Millimeter abgeschliffen wurde, wurde durch einen Planschliff ersetzt. Das hat den Ausstoß massiv angekurbelt. Schleifrandgläser haben wir bis zum Ende der 60er Jahre hergestellt und die Massivrandgläser bis 1982."[31]

WECK-Einkochglas mit Massivrand, von ca 1910

Schleifrand-Einkochglas von WECK von 1955. Schleifrandgläser sind auch schon vor 1930 im Gebrauch, aber das Dekor wechselt, vgl. Bild oben rechts.

Einkochgläser werden zum Synonym für qualitätsvolles Einkochen.

WECK®

Das ist heute:

Haushalt-Konservenglas
Industrie-Konservenglas
Glasbausteine
und ein Verlag mit der
Monatszeitschrift
RATGEBER Frau und Familie

WECK – Tradition und Fortschritt

Glas bekommt Konkurrenz

Es gibt kein Leben ohne Konkurrenz: Metalldosen und alt hergebrachte Steinkrüge werden neben dem Glas als Verpackungsmittel genutzt. Seit dem Beginn der 30er Jahre ändert sich aber etwas grundlegendes: Neue Materialkombinationen, neuartige Bearbeitungen bekannter Materialien für die Verschlüsse oder auch ganz neue Werkstoffe wie z.B. Kunststoff für die Verschlüsse werden entwickelt. Damit entstehen auch andere Gebindegrößen, Abfüllungstechniken und neue Vertriebswege.

Senfabfüllanlage bei der Firma Carl Kühne KG, Hamburg, 30er Jahre. Von Hand wird der Hebel betätigt, der Senf in gewachste Papierbecher laufen läßt.

Das Senfglas mit Schraubdeckel aus Bakelit kündigt eine neue Zeit an: Kunststoff als Verpackungs- und Verschlußmaterial. Carl Kühne KG, Hamburg, Anfang der 30er Jahre.

Beispielsweise Becher aus gewachstem Papier und Glasbecher mit Schraubdeckel aus Bakelit bahnen den Weg für den großen Durchbruch der Kunststoffverpackungen und -verschlüsse in den 50er Jahren. Fast gleichzeitig startet noch ein anderer Konkurrent zum Glas durch: die Tiefkühlkost.

‚Tiefgekühlt'

Wer es sich leisten kann, läßt in den letzten Jahrhunderten im heißesten Sommer Eis z.B. aus den Alpen anliefern. Ein Eisbruchhandel entwickelt sich, so reichen Handelswege des ‚frozen water trade' vom italienischen Appenin bis nach Neapel, von Amerika bis nach Asien. Derart aufwendige und dadurch kostenträchtige Transaktionen finden nur einen begrenzten Abnehmerkreis. Um davon unabhängig zu werden, wird seit dem 19. Jahrhundert in vielen Experimenten versucht, Lebensmittel außerhalb der natürlich kalten Gegenden oder Jahrezseiten zu kühlen. Vielerorts wird an den ersten Kühlschränken gearbeitet. Schränke, von großer und wohnlicher Erscheinung sind das, die zwischen 1910 und 1920 als erste ihrer Art in Lebensmittelgeschäften und wohlhabenden Haushalten stehen. Um die Jahrhundertwende erfolgen auch die Nahrungsmitteltransporte zwischen Kontinenten in regelbar gekühlten Kammern.[32] In Amerika wird die Eisernte perfektioniert, so daß auch „weit abgelegene Städte wie Chicago und Kansas City für die Kommunen an der Ostküste zu Versorgungsmetropolen wurden. Grundlage für die ‚Mechanisierung der Fleischindustrie', dessen fließbandartige Produktion für die Massenfertigung des Automobils Vorbild gewesen sein soll, war eine streng durchrationalisierte Eisernte. Was beim Fleisch so erfolgreich war, das wurde nachfolgend auch auf anderen Gebieten gewinnbringend eingesetzt. ... Gerade wegen ihrer Bedeutung aber stieß die Eisindustrie bald an die Grenzen ihrer Leistungsfähigkeit, denn mit zunehmender Nachfrage zeigten sich immer deutlicher die Schwächen des Systems, das sich, abhängig vom Winter, nicht unbegrenzt entfalten konnte. Es lag also in der Natur der Sache, nach Verfahren zu suchen, wie man künstliches Eis oder gar Kälte ganz ohne Eis herstellen könne. Aus der Eisindustrie sollte sich die Kälteindustrie entwickeln mit dem Ziel, Sommer und Winter ‚abzuschaffen'."[33]

Pionier in Sachen Tuben: Carl Kühne KG führt in den 30er Jahren als erste Firma Senf, Mayonaise und Ketchup in Tuben auf dem Markt ein.

Neben Amerika, Frankreich und England entwickelt sich besonders in Deutschland die Tiefkühltechnik und -industrie: Das Schlagwort von der ‚gehaltenen Kühlkette' ist ein zugkräftiger Werbeslogan im Kampf um die Gunst der Käuferinnen und Käufer. Nach entscheidenden Vorversuchen von Carl von Linde, der später eine der führenden Firmen gründet, läßt sich der Däne Ottensen 1911 das erste industriemäßig nutzbare Tiefgefrierverfahren patentieren. 1915 wird u.a. in Göteborg die Produktion von tiefgefrorenem Fisch aufgenommen. 1925 wird das erste deutsche Tiefkühlunternehmen, die Kühlfisch Aktiengesellschaft in Wesermünde und die Grönland Eiskrem GmbH in Berlin gegründet. 1929 nimmt das erste deutsche Fischkühlschiff, die ‚Volkswohl', den Dienst auf. 1933 eröffnet in München eine der ersten Eisdielen in Deutschland. 1936 wird von den Nationalsozialisten der 4-Jahres-Plan verkündet und ein Forschungsauftrag an Professor Plank erteilt: Gefordert wird der forcierte Aufbau einer Tiefkühlwirtschaft, Schwerpunkt Fisch, zur Schließung der Eiweißlücke. Nahe liegt die Vermutung, daß die Sicherstellung der Ernährung im Kriegsfall Motor des Forschungsauftags ist. 1937/38 und in den darauffolgenden Jahren nehmen verschiedene Unternehmen die Produktion von gefrostetem Obst und Gemüse auf.[34]

Die Hausfrauen werden in den Lebensmittelgeschäften gezielt mit den neuen Produkten, aber auch neuen Marketingstrategien wie z.B. Tiefkühlgeflügel-Probeessen konfrontiert. Die schnelle Essenszubereitung paßt, ähnlich wie die Entwicklung von Haushaltshilfsmitteln wie Opekta, auch in das sich ändernde Frauenbild zwischen 1920 und den 30er Jahren.

Von 1930 bis zur nächsten Jahrhundertwende

Im Rennen um die Gunst der Konzerne und Verbraucher: Glas, Metall oder Kunststoff

Industriekonserven - so gut wie selbst gemacht?

Vollautomatisch geblasen: IS-Maschine- gegen diese Maschine hilft nur noch PET

Das Rennen in der Fertigungsindustrie geht weiter. Am Start sind: Industriekonserven aus Metall, Gläser mit dem neuen ‚Twist-off-Verschluß' oder Kunststoffkappe, Tuben aus Metall oder Kunststoff, verschweißte Verpackungen. Flaschen aus Glas, mit Drehverschluß oder Aufreißkappe und neuerdings auch Flaschen aus dem Kunststoff PET, der Ende der 90er Jahre das Glas in der Getränke-industrie ablöst. Die Konserven-vielfalt verändert die Tagesabläufe und Lebensgewohnheiten. Konserven gehören zu einem modernen Haushalt, in dem wirtschaftlich, mit möglichst wenig Aufwand abwechslungsreich gekocht wird. Eingedoste Früchte aus Übersee symbolisieren in den 50er Jahren Wohlstand. 20 Jahre später stehen sie bei den Kritikern für Einheitsgeschmack und ungesunde Ernährung.

PET-Flaschen: Zukunftsperspektive für Mineralwasser, Softdrinks und Bier.

Die Neuentwicklungen, die sich bis in die 20er Jahre vollzogen haben, setzen sich nun am Markt durch: IS-Maschinen werden in immer mehr Glashütten aufgestellt, der tägliche Ausstoß an gläsernen Produkten steigt steil an. Auch die Abfüllindustrie setzt vollautomatische Abfüllanlagen z.B. für Mineralwasser, Bier, Essig oder Feinkost wie Senf ein.

Dortmunder Union-Brauerei, 50er Jahre. Zu sehen ist die Handeinpackung.

Bierabfüllanlage bei der Dortmunder Union-Brauerei, 50er Jahre. Zu sehen sind rechts oben im Bild die Abfüllmaschine, darunter, links und rechts versetzt, zwei Etikettiermaschinen und rechts unten die manuelle Verpackung. Verpackt wird in Holzkästen.

Manuelle Flaschenkontrolle bei Dortmunder Union-Brauerei, 50er Jahre.

Fassabfüllung bei der Dortmunder Union-Brauerei, 50er Jahre.

Der Siegeszug der Konserve

Die 20er und 30er Jahre, vor allem aber die Kriegszeit sind die ‚Hohe Zeit' des Einkochens. Die Reformbewegungen der 20er Jahre, die den Kommunen die Gartenstädte und den Fabrikarbeitern ein eigenes kleines Stück Land bringen, legen diese gesunde Bevorratung und Ernährungsweise nahe. Das NS-Regime propagiert im Rahmen seiner Kriegsvorbereitungen diese Form der Selbstversorgung.

Maggi-Werbeschild aus der Zeit um die Jahrhundertwende

Erst nach dem Krieg erlebt die Konservenindustrie ihren Aufschwung und erobert endgültig den Massenmarkt: Nachdem Trockensuppen und Fleischextrakte schon Mitte des 19. Jahrhunderts industriell gefertigt werden, folgt die Gründung der ersten Konservenfabriken, die in Metall eingedoste Konserven herstellen, erst in den 1870er Jahren in Deutschland. Bedeutender Abnehmer ist nicht zuletzt das Militär, das an haltbaren und leicht transportierbaren Nahrungsmitteln für die Truppen interessiert ist. So schreibt auch Frank Wedekind 1886: „Vater, mein Vater, ich werde nicht Soldat, derweil man bei der Infanterie nicht Maggi-Suppen hat. Söhnchen, mein Söhnchen! Kommst du erst zu den Truppen, so ißt man dort auch längst nur Maggi's Fleischkonservensuppen." [35]

Der Geschmack dieser Produkte ist damals jedoch nicht sehr überragend. Bis zur Jahrhundertwende entsteht jedoch „neben dem Markt für Seefahrer, Forscher und Militär ... auch ein Markt für Luxuskonserven." [36] Es sind zumeist Blechkonserven, gefördert durch massive Werbekampagnen großer Lebensmittelfirmen wie Maggi und Knorr [37], die zu diesem Zweck eigene „Reclame- und Pressebüros" gründen. Soll doch mit Hilfe der Reklame „ein Bedarf geweckt werden, der erst aus seiner Befriedigung erwächst." [38]

Dennoch ist der durchschnittliche Verbrauch von Konserven vor dem ersten Weltkrieg mit 1,3 Dosen pro Kopf noch gering und noch 1910 ist für eine gewöhnliche Fleischkonserve etwa der dreifache Tageslohn eines Arbeiters zu zahlen. Derart hohe Preise verzögern den Aufstieg der Konserve zu einem grundlegenden Nahrungsmittel der Durchschnittsbevölkerung. [39]

Den ersten Boom erlebt die Konservennahrung erst nach dem 1. Weltkrieg, nachdem die Qualität des Einkochgutes verbessert und eine Massenproduktion zu günstigeren Preisen führt. Es kommt sogar zur Gründung von Restaurants, in denen ausschließlich Lebensmittel aus Dosen kredenzt werden [40] - eine Spielerei der 20er Jahre. Von den 20ern bis in die 50er Jahre wird die ‚Konserve' zu einem Synonym für die Blechdose, bis sich auch in der Lebensmittelindustrie der Universalwerkstoff Glas durchsetzt. Das ist seit dem Ende der 50er Jahre verstärkt der Fall. So beginnt im Jahr 1960 die Produktion von Verpackungsglas bei der Firma WECK - einer Zeit, „als die Konservenindustrie so langsam beginnt, Hohlglas und nicht nur Dosen zu verarbeiten"[41]. Schon zu dieser Zeit ist es selbst für marktführende Großbetriebe wie WECK nicht möglich, eine ganze Glashütte mit Einkochgläsern auszulasten, so daß auch für die Glasindustrie die Zusammenarbeit mit den Lebensmittelherstellern ein lukratives Geschäft verspricht. Mit der Aufnahme der Konservenglasproduktion wird bei WECK Mitte der 60er Jahre eine IS-Maschine in Betrieb genommen.

Von Anfang an hat die Glasverpackung ein besseres Image. Dazu äußert sich ein Verantwortlicher der Oberland Glas AG: „In der Verpackung hat Glas ein besseres Image, es vermittelt eine höhere Wertigkeit, darauf bauen unsere Abnehmer. Obst und Gemüse präsentieren sich im Glas von selbst, denn Glas zeigt das Produkt und nicht ein Bild davon."[42]

rechts:
Das Werbematerial von der Carl Kühne KG aus den 60er Jahren zeigt die Produktpalette im Überblick: Flaschen mit Kunststoffkappe, Tuben, verschweißte Plastikbeutel, Metalldosen und Glaskonserven (als Sauerkonserve) mit dem sogenannten ‚Pano'-Verschluß, der seit den 50er Jahren verwendet wird.

unten:
Blechdose und Konservenglas mit ‚Pano'-Verschluß. Die Verschlüsse waren atmend, d.h. beim pasteurisieren entweicht Luft, weil sich beim Erwärmen das Einkochgut ausdehnt. Während des Abkühlens zieht es sich wieder zusammen und es entsteht ein Vakuum. Der tafelfertige Rotkohl ist als das erste Fertiggericht anzusehen, das den gesellschaftlichen Bedarf dieser Zeit abdeckt: einen modernen Haushalt möglichst neben der Berufstätigkeit zu führen.

Ein anderer Vorteil der Glasverpackung gegenüber den Blechkonserven ist ihre leichte Verschließbarkeit mittels des Twist-off-Drehverschlusses. Für die Blechkonserven hingegen bleiben auch weiterhin besondere ‚Dosenöffner' erforderlich. Immerhin muß sich der Verbraucher nicht mehr eines Handbeils bedienen, das im 19. Jahrhundert die bekannte Kochbuchautorin Henriette Davidis noch ihren Leserinnen zum Dosenöffnen empfohlen hat.[43] Diesem kundenfreundlichen Zug des Verpackungsglases steht jedoch ein buchstäblich ‚schwerer' Nachteil entgegen: Das hohe Eigengewicht der Verpackung im Gegensatz zur Dose. „Ein Glas muß eine gewisse Stärke aufweisen, um die technologischen Prozesse schadlos zu überstehen. Dazu gehört neben der thermischen Behandlung durch das Abfüllen heißer Speisen und dem Pasteurisieren im Pasteurisator oder auch der Transport auf Paletten und Transportbändern."[44]

Industrielles Konservieren unterscheidet zwischen ‚pasteurisieren' und ‚sterilisieren'. „Die Pasteurisation wird bei Temperaturen bis 100 Grad Celsius und unter atmosphärischen Bedingungen durchgeführt. Dabei tötet sie lediglich die lebenden Mikroorganismen ab. Natürlich werden dabei auch die krankheitserregenden Keime abgetötet. Die Sterilisation wird bei Temperaturen um 121 Grad Celsius und unter einem leichten Überdruck durchgeführt, wobei neben den lebenden Keimen auch die Sporen abgetötet werden. Mit der Abtötung der Sporen ist ein Lebensmittel wirklich stabil.

Die Prozeßbedingungen, die bei einer Konservendose angewendet werden, können zur Haltbarmachung eines Produktes im Glas nicht bzw. nur sehr bedingt angewendet werden. Neben der thermischen Haltbarmachung sind noch weitere Faktoren bei einer Entscheidung für Glas oder Dose ausschlaggebend. Das sind z.B. der ‚pH-Wert', die Lichtempfindlichkeit, das Aussehen, die geforderte Haltbarkeit,

der Kundenkreis. Der pH-Wert gibt an, wie ‚sauer' ein Produkt ist. So entspricht z.B. Zitronensaft einem pH-Wert von pH 2, Erbsensuppe von pH 7. Produkte mit einem pH-Wert kleiner als 7 gelten als sauer. Der pH-Wert ist einer der Prozeßparameter, der dazu beiträgt, daß auch pasteurisierte Produkte über längere Zeit haltbar sind - denn: ein Mikroorganismus braucht eine ihm ‚angenehme' Umgebung, z.B. Nährstoffe, Sauerstoff oder keinen Sauerstoff (je nach Art des Mikroorganismus) und Wasser.

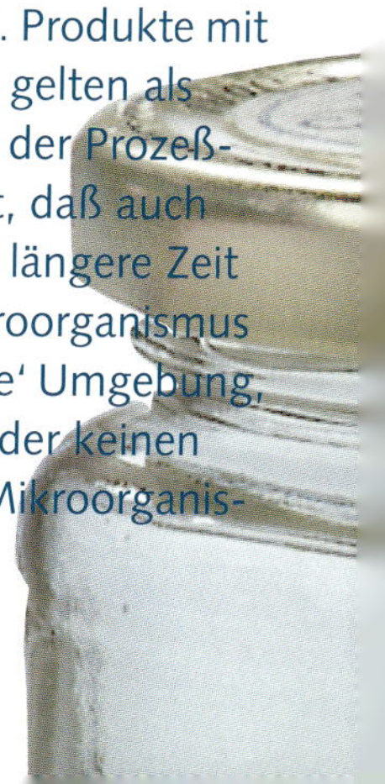

Für die Pasteurisation von Lebensmitteln werden in der Regel ‚saure' Lebensmittel bevorzugt, deren pH-Wert im Bereich unter pH 7 liegt. Das stellt sicher, daß mit einer thermischen Behandlung unter 100 Grad, also der Pasteurisation, das Milieu zum Auskeimen der Sporen, aus denen neue Mikroorganismen entstehen, ungeeignet ist.

Die Produkte, die im neutralen Bereich ihren pH-Wert aufweisen, können zwar auch pasteurisiert werden, sind aber deutlich kürzer haltbar. Neben den Verderbniserregern existieren in den Rohwaren Mikroorganismen, die bei ihrem Wachstum für den Menschen gefährliche Gifte bilden. Zu den bekanntesten gehört ohne Zweifel ‚Clostridium Botulinum'. Dieser Mikroorganismus produziert ein Gift, das zu dem bekannten ‚Botulismus' führt. Es gehört zu den stärksten Giften, die in der Natur vorkommen und führt bei entsprechender Einnahme fast immer zum Tode. Um eine sichere Konservendose zu produzieren, ist es also erforderlich, diesen Keim inclusive seiner Sporen vollständig abzutöten. Weil er zu den Sporenbildnern gehört und sich bei Abwesenheit von Sauerstoff vermehrt, ist bei Lebensmitteln mit neutralem pH-Wert eine Sterilisation fast unerläßlich.

Sollten die Sporen des Clostridium Botulinum nicht vollständig abgetötet worden sein, keimen diese aus und wachsen. Neben dem Gift bilden sich dabei aber auch Gase. Das ist an der Aufwölbung des Deckels einer Konservendose, der sogenannten ‚Bombage' zu erkennen. Daher sollten Dosen, die den Anschein erwekken, sich aufzuwölben, auf keinen Fall verzehrt werden."[45]

Die industrielle Sterilisation unterscheidet sich auch im Funktionsablauf von der Sterilisation im Haushalt. Um die Gläser oder Dosen zu erhitzen, setzen die Hersteller von Industriekonserven ‚Turmautoklaven' oder ‚Chargenautoklaven' ein. Unter Turmautoklaven stelle man sich vor: Eine Produktionsstraße in Form eines Laufbandes, auf dem die zu erhitzenden Dosen oder Gläser aufgebaut sind. Das Band durchläuft im Autoklaven verschiedene Temperatur- und Druckzonen, um am hinteren ‚kalten Ende' die sterilen

Gläser mit Twist-off-Verschluß, seit etwa Ende der 60er, Anfang der 70er Jahre auf dem Markt.

oder pasteurisierten Produkte wieder zu entlassen. Diese Anlage funktioniert in einem kontinuierlichen Prozeß, rund um die Uhr. Wenn am Ende der Produktionsstraße die fertigen Produkte entnommen werden, sind vorne bereits die neuen Gläser oder Dosen nachgeschoben worden. Chargenautoklaven erzielen das gleiche Ergebnis: pasteurisierte oder sterilisierte Dosen oder Gläser. Lediglich das Funktionsprinzip unterscheidet sich: Der Chargenautoklav besteht aus einem Gehäuse, in das Gitterboxen, beladen mit 1.000 bis 1.600 Dosen oder Gläsern, hineingeschoben werden - die Anlage wird beschickt. Nach dem Verschließen wird der Erhitzungsvorgang eingeleitet, nach dessen Beendigung die Anlage wieder entladen und der Vorgang beginnt nach Bedarf von vorn. Aus der Funktionsbeschreibung ergibt sich, daß der zuerst beschriebene Apparat für größere Stückzahlen je Produkt gedacht ist als letzterer. Beide Anlagen sind sowohl zur Sterilisation als auch Pasteurisation nutzbar. Zur Sterilisation einer Konservendose wird eine bestimmte Menge Luft in der Dose eingeschlossen. Während des Sterilisiervorganges rotiert das Produkt über dem Kopf. Durch die Bewegung der Luftblase wird der Konserveninhalt durchmischt und möglichst gleichmäßig erwärmt. So wird verhindert, daß die außen gelegenen Bereiche angebrannt, die im Inneren gelegenen noch nicht gar sind. Das führt zudem zu einer Verkürzung des Kochvorgangs.

Das Zamek-Partyglas, ein Beispiel für eine industriell pasteurisierte Sauerkonserve, die aussieht wie häuslich gemachtes Einkochgut.

Wegen der Nachteile einer thermischen Behandlung bei 121 Grad wird die Kochzeit möglichst kurz gehalten. Um Temperaturen über 100 Grad zu erreichen, ist jedoch ein Druckaufbau erforderlich - daher können Gläser bei diesem Vorgehen nur sehr eingeschränkt eingesetzt werden. Je höher die Temperatur oder je länger die Kochzeit, um so geschmacklich unattraktiver, zermatschter das Produkt, umso mehr geht von der Qualität der Rohware verloren. Aber jede thermische Behandlung beeinflußt das Lebensmittel. Faktoren für die Dauer der Kochzeit sind z.B. die Qualität der Rohware, die Art des Gefäßes (Metall oder Glas), die Konsistenz des Produktes (Obst, Gemüse, Suppe oder Fleisch). Je länger ein Lebensmittel erhitzt wird, umso geringer ist seine Nährstoffqualität. Ein mehrmaliges Aufkochen würde zu einem erheblichen Abbau wertvoller Inhaltsstoffe führen. Je frischer ein Rohstoff verarbeitet wird, umso höher ist der Ausgangswert der Inhaltsstoffe zu Beginn der Zubereitung. Konservenhersteller wie die Firma Zamek beziehen das verwendete Gemüse frisch oder als Tiefkühlgemüse, das unmittelbar nach der Ernte bei -20 Grad tiefgefroren wird. Im heimischen Haushalt hat das ‚frische' Gemüse von der Ernte über den Verkauf im Supermarkt bis zum privaten Kühlschrank meistens schon einige Tage verbracht.[46]

Produktionsstraße, kontinuierlicher Betrieb, Beschickung des Chargenautoklaven mit Gitterboxen: solche Begriffe sind zunächst rein sachliche, technischen

Industriekonservenglas, mit ‚Erbsen und Möhren extra fein'.

Beschreibungen entlehnte Informationen. Doch zugleich geben sie Aufschluß über die industrielle Dimension, die die Lebensmittelkonservierung nach dem Zweiten Weltkrieg angenommen hat. Nach jahrzehntelanger Vorlaufzeit wandelt sich die Lebensmittelbranche in den 50er und 60er Jahren zu einer Lebensmittelindustrie. Industriell hergestellte und konservierte Lebensmittel - in Dosen, tiefgekühlt oder in Gläsern erleben eine enorme Absatzsteigerung.

Konserve als Statussymbol der Nachkriegszeit

So kommt 1957 von Kühne der erste tafelfertige Rotkohl auf den Markt. Von der Mutter des derzeitigen Seniorchefs entwickelt, verschafft er den deutschen Hausfrauen eine weitere Erleichterung bei der Hausarbeit.[47] Teilzubereitete Gerichte sind die technische und kulturelle Weiterentwicklung der Tütensuppen, Extrakte und Kochhilfen. Firmen nutzen und entwikkeln hier einen Trend, der durch die sich weiter verändernde gesellschaftliche Rolle der Frauen seit den 70er Jahren definiert ist.

Ein solcher Wandel der Ernährungsgewohnheiten der Bevölkerung ist nicht allein das Ergebnis von Werbekampagnen. Er hat vielschichtigere Ursachen, ist nur ein Bestandteil eines weitreichenden Wandels des sozialen Wertekatalogs. Dosenananas und Schattenmorellen sind in der Öffentlichkeit schließlich nur die ‚Spitze des Eisbergs'.

Die Nachkriegszeit verändert die Arbeits- und Lebenswelt tiefgreifend. Erst im Rückblick wird das Ausmaß deutlich. Politisch gilt über ein Jahrzehnt die Devise nur ‚keine Experimente' wagen. Kalter Krieg, Antikommunismus, Westbindung und

Nato-Mitgliedschaft - in den 50er Jahren sind die Werte klar bestimmt. Das Wirtschaftswunder setzt ein, die Bundesrepublik befindet sich in einem enormen Modernisierungsprozeß und die sozialen Werte, vor allem die Vorstellungen von Prestige und ‚angekommen sein' verändern sich.

Erstmals in der Geschichte des Landes bietet sich für eine Vielzahl der Menschen die Möglichkeit einer Lebensgestaltung, die über die Deckung der Grundbedürfnisse hinausgeht. Bananen in Kisten und Ananas in Dosen werden ebenso zu Statussymbolen wie der Volkswagen, das Gogomobil, die Borgward Isetta oder der allgegenwärtige Gummibaum im Nierentisch-Ambiente.

Das Allensbach-Institut, von den Konservenherstellern beauftragt, die öffentliche Meinung in Sachen Konserven zu erfragen, stellt 1956 unter den Befragten eine breite Akzeptanz gegenüber Lebensmitteln in Konserven fest. Ablehnend eingestellt sind Mitte der Fünfziger Jahre nur noch rund ein Drittel der Befragten.[48] Beinahe die Hälfte der Befragten ist seinerzeit gegenüber fertig gekauften Konserven positiv eingestellt. Als Einwand wird jedoch der vergleichsweise noch recht hohe Preis genannt. Je höher die soziale Stellung und je jünger die Befragten, umso größer ist die Akzeptanz der Konserven als Bestandteil einer modernen Ernährung. Möglicherweise läßt der Einfluß der tradierten Formen der Haushaltsführung und Ernährungsweise nach, je weiter sich die Befragten vom traditionellen Rollenbild entfernen.

Bereits Mitte der 50er Jahre zählen Gemüsekonserven „zum normalen Haushaltsverbrauch. Sie sind, mit anderen Worten, kein Privileg mehr. Insgesamt kann man zur Zeit mit rund 10 Millionen Haushalten im Bundesgebiet mit West-Berlin rechnen, in denen Gemüsekonserven verbraucht werden."[49] Wenngleich der Verbraucherkreis Mitte der 50er Jahre relativ groß ist, ist „im Durchschnitt der Verbrauch pro Haushalt und Jahr auf weniger als zwei Dutzend zu veranschlagen."[50]

Und warum kauft die Hausfrau Konserven? Um den Mangel an frischem Obst und Gemüse auszugleichen, vielleicht aber noch viel mehr, um den Lieben etwas besonders Gutes zu tun. Denn, so mutmaßt das Allensbacher Institut 1956, „das Motiv, den Mangel an frischem Obst auszugleichen"[51] spiele zwar in den Aussagen der Befragten in den meisten

Fällen eine Hauptrolle. Aus dem Kaufverhalten der Befragten schließen die Meinungsforscher aber, das „ein solcher Ausgleich wahrscheinlich weniger als Notwendigkeit gilt, denn als wenigstens bedingter Luxus"[52]. Ein Luxus, den man sich nun, in der Aufstiegszeit des Wirtschaftswunders wieder leisten kann - und will. „In diesem Sinn spielen Festtage für den Verbrauch von Obstkonserven eine noch größere Rolle als bei Gemüsekonserven. Das Essen für Gäste, das Sonntags- und Festessen sind wesentliche Gründe, um Obstkonserven einzukaufen oder anzugreifen. Die Angaben der Hausfrauen lassen erkennen, daß Obstkonserven hauptsächlich von November bis Mai verbraucht werden, und daß insbesondere im Dezember mit der Häufung der Festtage um Weihnachten und die Jahreswende eine Verbrauchsspitze erreicht wird."[53] In einer Mischung aus Sportreportage und soziologischer Untersuchung beschreiben die Analytiker die scheinbar dramatischen Wettkämpfe, die sich in den Regalen der Lebensmittelläden um die Gunst der Verbraucherinnen ereignen. „Sehr eigenartig erscheint das Ergebnis der Untersuchung, welche Arten von mengenmäßigen Verbrauch außer Acht läßt, mit knappem Vorsprung Apfelmus vor Ananas. Extreme, die andeuten, wie überaus verschieden die Motivierung des Verbrauchs ist."[54] Der Hauch von Luxus, der den Esser edler Luxuskonserven umgibt, ist das eine. Auf der anderen Seite ist die Verwendung von fertig gekaufter Dosenkost ganz einfach bequem und praktisch. „Ich verwende ganz gern Gemüsekonserven, ich finde sie praktisch und angenehm."[55] Dieser Aussage stimmen im Jahr 1956 immerhin 40 Prozent *aller* Hausfrauen zu, und sogar 67 Prozent der Befragten, deren Vorliebe ohnehin der Dosenkost gilt.

Konservendosen - für das schnelle Essen aber auch für ‚das Besondere' für Gäste oder für den Sonntagsnachtisch.

Starke Argumente für die Hausfrauen sind die Erklärungen „ich habe Gäste erwartet und sie dafür gekauft"[56], „ich brauchte sie zu einem Sonntags- oder Festessen"[57] und „weil ich zu der Zeit kein frisches Obst kaufen konnte."[58] Als selbstverständlich scheint zu gelten, daß die (Haus-)frauen die Trägerinnen der Ernährungskultur sind.

Entscheidend für den Kauf verschiedener Konservensorten sind auch regionale und sozialschichtenspezifische Besonderheiten: „Grünkohl in Nordeutschland, Spargel und Pilzkonserven bei den oberen Einkommensgruppen, eine größere Neigung von Hausfrauen in Landgemeinden für Mohrrüben und Kartoffeln".[59] Aber auch der Zeitgeist bemächtigt sich der Konservenmahlzeiten - und der Zeitgeist weht nach jenseits der Alpen: Mit der Vespa und dem VW über die Gebirgspässe, nach Rimini, zu den Gondeln von Venedig, amore und dolce vita ... Und so wird das Allensbach Institut beauftragt, neben den Obst- und Gemüsekonserven, den Marmeladen und Konfitüren eigens auch die Marktchancen der eben eingeführten Raviolikonserven zu untersuchen. Von dem Umstand abgesehen, daß 1956 über 1/3 der Befragten nicht bekannt ist, was Ravioli sind, scheint die Stellung der Raviolikonserve am Markt durchaus ausbaufähig zu sein: „Die Einstellung gegenüber der Raviolikonserve könnte sich in den kommenden Jahren erheblich verändern. Sie ist anscheinend weniger abhängig von der landsmannschaftlichen Neigung, Ravioli auf den Mittagstisch zu bringen, als von der Neigung, im Haushalt Konserven zu verbrauchen"[60], bemerkt der Allensbach-Tester. Wenn ..., ja, wenn sie nun auch schmecken würden, diese Dosenraviolis. „Darum müßte gegebenenfalls, wenn das Interesse gegenüber Raviolikonserven bei der Auftraggeberin dieser Untersuchung weiter bestehen bleibt, eingehender geprüft werden, welche Gründe jede dritte Hausfrau, die Ravioli-Konserven für ihren Haushalt kaufte, veranlasst, einen weiteren Verbrauch für die Zukunft von sich zu weisen ..."[61], so die lakonische Bemerkung des Testers.

Nicht nur die Inhalte der Konserven, auch der Genuß von fertig gekauften, konservierten Nahrungsmitteln an sich ist Ausdruck eines gewandelten Konsumverhaltens, aber auch einer Veränderung des hergebrachten Sozialstrukturen. Der zunehmende Wohlstand und der Bevölkerungsanstieg durch die Zuwanderung von neun Millionen Vertriebenen schaffen ein neues Verhältnis von Angebot und Nachfrage auf den Märkten für Kosumgüter und Ernährung. Der Nachholbedarf nach den entbehrungsreichen Kriegsjahren, der Konsumverzicht in der Wiederaufbauzeit führen zu der oft zitierten ‚Freßwelle' der 50er Jahre.

Im Boom des Wirtschaftswunders und im Verlauf der 60er Jahre ergibt sich für die junge Generation an vielen Orten der Bundesrepublik eine realistische Möglichkeit zu einem sozialen Aufstieg, freie Berufswahl verschafft neue Perspektiven für die junge Generation. Die beginnende Massenmotorisierung macht viele Menschen mobil. So werden schon in den späten 50er Jahren die Veränderungen im Lebensgefühl und in den sozialen Hierarchien angelegt.

Neu ist seit den 60er Jahren: auch der weibliche Teil der Bevölkerung profitiert davon zunehmend. Verstärkt existieren verschiedene Frauenbilder nebeneinander: Zum einen die junge, ledige, kompetente berufstätige Frau, das Fräulein Wunder, das mobil ist. Zum anderen die Ehefrau und Mutter, die allerdings inzwischen häufiger neben ihrem Job als Managerin des Haushalts noch einer Erwerbstätigkeit nachgeht. Dabei verändern sich die tradierten Rollenverteilungen innerhalb der Familien mit einem Ernährer an der Spitze, der Hausfrau und den Kindern dahinter nur sehr zögernd.

Aber in den 60er und 70er Jahren verändert sich etwas: Eine Familie besteht öfter aus zwei berufstätigen Eltern, die ihre Kinder erst abends zu Gesicht bekommen und den von besorgten Pädagogen kritisch beäugten ‚Schlüsselkindern'. Die innere Struktur der Familie kommt in Bewegung, die Erwartungen und Idealvorstellungen, wie eine gute Familie zu funktionieren hat, werden von der nachfolgenden Generation heftig bekämpft. Das meint auch das Kochen, die gemeinsamen Mahlzeiten, die aber gar nicht mehr immer gemeinsam eingenommen werden können. Um mit einem schmalen Zeitbudget dennoch gemeinsam, oder einzelne Mahlzeiten ganz alleine essen zu können, muß Ernährung anders ‚funktionieren' als im Haushalt vergangener Jahrzehnte.

Es folgt die technische Aufrüstung der Küche zur High-tech-Schaubühne, deren technische Möglichkeiten oft nicht ausgenutzt werden. Aber es geht meistens nicht darum, mittels der neuen Technik alltägliche kulinarische Höhenflüge zu ermöglichen. Im Mittelpunkt stehen soziales Prestige vor eingeladenen Gästen und Zeitersparnis. „Es sind Nahrungsmittel gefragt, die vorgerichtet sind, um sie z.B. abends schnell und einfach zubereiten zu können. In verschärfter Form tritt das Problem bei Schichtarbeitern auf. Wer soll hier kochen? Man stelle sich vor, die Frau arbeitet nachts im Krankenhaus, der Mann ist tagsüber beschäftigt, sie begegnen sich manchmal eine Woche lang nicht. Der Griff ins Tiefkühlfach oder Dosenregal liegt nahe. Dieses gesellschaftliche Verhalten spiegelt sich deutlich im Einkauf unserer Produkte wieder, vor allem aber im Kauf von Tiefkühlkost."[62]

Der große Bedarf kann nur durch neue Einkaufsmöglichkeiten bedient werden. Supermärkte entstehen, oft auf der ‚grünen Wiese', in denen das ganze Sortiment der Artikel zu erstehen ist, die für den schnellen modernen Haushalt erforderlich sind - zu moderaten Preisen, in Selbstbedienung. Die Brüder Albrecht treiben 1962 [63] mit der Gründung der ALDI-Discountmärkte dieses Prinzip auf die Spitze. Sie verzichten auf verkaufsfördernde Präsentationen und bauen die Produkte palettenweise in den Gängen auf, anfangs ganz ohne Frischkost. Die ALDI-Märkte werden zu Goldgruben, an denen auch Zulieferer beteiligt sind, denn ALDI und namhafte Konservenhersteller sind enge Geschäftsbeziehungen eingegangen. Das belegt auch die langjährige Zusammenarbeit mit der Firma Zamek: „Wenn wir für eine Firma wie ALDI produzieren, dann wird dafür keine Werbung gemacht. Die Produkte verkaufen sich über die Qualität und den Preis. Wir sind einer der ersten Lieferanten von ALDI, wir sind mit ALDI groß geworden. ALDI bedeutet Reputation. Wenn wir seit etwa 20 Jahren an ALDI liefern, kann unsere Qualität so schlecht nicht sein."[64]

Und noch ein anderer Trend fördert gerade in den 70er Jahren die Verwendung fertig gekaufter, konservierter Produkte: die Verkleinerung der Haushalte. Leben 1910 im Durchschnitt noch etwa vier bis fünf Personen in einem Haushalt, so beläuft sich deren Zahl in den 70er Jahren nur noch auf zwei Bewohner/innen. „Gerade die Ein-Personen-Haushalte weisen die größten Zuwachsraten auf und sind ab Mitte der siebziger Jahre die häufigste Haushaltsform."[65] Vielleicht ist der Single-Haushalt eine Art ,Endstadium' der Entwicklung einer ,industriellen' Wirtschafts- und Lebensweise in einer kapitalintensiven, familienfremden Arbeitsordnung? Der Einzelne ist von familiären Strukturen unabhängig durch angemessen bezahlte Erwerbstätigkeit und freie Formen des Zusammenlebens.

Als Zukunftsmodell ausgedient?

Dienstleistungsangebote von Wäscherei bis Pflegedienst, grundlegende Existenzabsicherung und ein wachsender allgemeiner Wohlstand machen die Wahl der Lebensverhältnisse zur freien Entscheidung. In Single-Haushalten sind die traditionellen Zusammenhänge, in denen gekocht, gegessen und bevorratet wird, nicht mehr gegeben.

Viele Alleinlebende sind mobil, flexibel in ihrer Arbeitszeiteinteilung, konsumfreudig und nutzen die Angebote der Freizeitindustrie. Die Ernährungsgewohnheiten passen sich dem an. „Der Trend zum Single-Haushalt, zu Karriere und Zweitjobs läßt keine Zeit zum ,richtigen' Kochen. Der zweite Aspekt ist die zunehmende Freizeit, die auch mit dem Terminkalender geplant wird. Man ißt nur noch, wenn man hungrig ist, dann reicht auch ein Fertiggericht."[66] Die Hausfrau, die kocht, um die Arbeitskraft des Ernährers sicherzustellen, ist selten geworden. Kochen, die Zubereitung raffinierter Speisen mit marktfrischen Zutaten, wenn möglich nach internationalem Rezept, drückt das Lebensgefühl einiger Bevölkerungskreise aus, die sich die Zeit dafür nehmen wollen und die einen großen Wert auf eine naturbelassene und individuelle Ernährung legen. In diesen Zusammenhängen werden die Auswirkungen der anderen Seite der 70er Jahre deutlich: Wohngemeinschaften bilden sich, eine ökologisch-alternative Bewegung entsteht, DIE GRÜNEN werden gegründet. Die Student/innen der 70er und 80er Jahre, die sich in diesem Umfeld bewegt haben, leben auch in den 90ern, inzwischen zu Job und Einkommen gelangt, auf höherem finanziellen Niveau das Bedürfnis nach gutem Essen aus. Das findet ,natürlich' in der Regel abgelöst vom damaligen politischem Engagement statt.

Der erlebnishungrige Single, die gestreßte Familie, die berufstätigen Paare und das schnelle Essen - Geschichten aus der bundes deutschen Wohlstandgesellschaft.

Nie mehr rote Hände!

Dosengerichte, Tütensuppen, tafelfertige Speisen aus der Blechbüchse, dem Kunststoffblister oder dem Glas, lagerfähig und schnell auf dem Tisch, sind Bestandteile des Alltags. Dem Augenschein nach wird neben dem internationalen Frischwarenaustausch gerade durch die Konservenkost eine ständige Erreichbarkeit aller nur erdenklichen Gemüse, Früchte oder Mahlzeiten ermöglicht. Aber auch der Konservenkonsum unterliegt saisonalen Schwankungen. So stellt Roswitha Behland von der Carl Kühne KG 1997 fest: „Eine phantastische Absatzspitze von Rotkohl haben wir in den Wochen vor Weihnachten und Ostern. Der Handel plaziert die Produkte, wenn er weiß, daß es am besten läuft und die Leute kaufen, wenn es im Handel wirklich dick plaziert ist. Grünkohl, das versteht sich von selbst, findet viele Abnehmer, wenn es kalt ist. Gurken finden rasanten Absatz zu Karneval und Silvester, es gibt aber auch eine Verkaufsspitze zur Grillzeit. Dressings für Salate laßen im Absatz nach, wenn der frische Salat teuer ist. Das sind die eindeutigen Tendenzen, die es seit langer Zeit gibt.

Neue Produkte werden in unserer Entwicklungsabteilung in drei Technologiegruppen geschaffen. Diese sind in die Bereiche ‚Essig', ‚Konserven mit Gemüse' und ‚Feinkost, Dressings, Mayonaisen und Gourmetsaucen' aufgeteilt. Ein Verkosterkreis trifft sich mindestens einmal wöchentlich zu einem ‚jour fix', um Produkte aus dem Markt zu probieren. Die Mitglieder dieses Kreises, u.a. die Lebensmitteltechnologen und die Geschäftsleitung, sind in einer speziellen Sensorikprüfung auf ihre Geschmacksfähigkeit getestet worden. Sie müssen sauer von bitter, süß und salzig in sehr feinen Differenzen unterscheiden können. Wer diesen Test bestanden hat, darf entscheiden, wie ein Produkt zu sein hat. Qualitative Marktforscher, die Tests für Verbraucher entwickeln, werden ebenfalls hinzugezogen.

Zwei feste Innovationszirkel arbeiten bei uns im Wettbewerb miteinander um die Ideen für neue Produkte. Es ist aber auch so, daß jeder Mitarbeiter seine Vorschläge einbringen kann, das kann und soll jeder, denn durchaus kreative und zunächst ungewöhnlich anmutende Vorschläge sind gefragt. Außerdem greifen die üblichen Marketingmechanismen: man beobachtet den Markt, sieht, was andere machen, fährt in die USA. Wir haben auch amerikanische Zeitungen, fahren auf französische Messen ... Ein enormer Aufwand, aber unerläßlich, denn mit Innovationen steht und fällt heute die Marktbedeutung eines Mittelstandsunternehmens."[67]

Im Wettkampf: Gemüse in der Dose, im Glas oder als Tiefkühlpaket

Verbraucherinnen und Verbraucher treffen beim Einkauf Entscheidungen: welche Lebensmittel, ob frisch oder konserviert, von welcher Firma. Eine Befragung von Kundinnen und Kunden gibt Aufschluß über die Einstellungen und Urteile, die schließlich zur Kaufentscheidung führen.

„Wir kaufen keine Konserven, frisches Gemüse ist gesünder und ist das ganze Jahr zu haben."[68]

„Ich kaufe nur sehr gute Gemüsekonserven, Möhren, Erbsen, für Sonntags, z.B. zum Gulasch. Das ist praktisch, geht schnell und schmeckt gut - ich verfeinere das Gemüse noch mit Butter und einer Zwiebel."[69]

„Mal für's Büro, zum Mittagessen eine Suppe. Zu hause kocht meine Frau alles frisch."[70]

„Eingefrorenes verwenden wir sehr oft, das schmeckt fast so gut wie frisch. Außerdem ist es gesünder als eine ‚Konserve', da sind noch mehr Nährstoffe drin, das wird immer wieder gesagt. Ich selber kann das nicht feststellen. Danach kommen in der Rangfolge Konserven in Gläsern, schließlich in Dosen, wenn die Produkte nicht anders erhältlich sind. Das Glas ermöglicht mir, den Inhalt anzusehen. In der Dose kaufe ich mal Erbsen, Mais oder Bohnen. Ärgerlich ist, daß die Industrie kleine Glasverpackungen oder Tiefkühlware nicht in genügendem Umfang anbietet."[71]

„Ich benutze keine Konserven zum alltäglichen Kochen. In meinem Vorratsschrank stehen nur einige ‚Notnagel' wie Ravioli oder eine Suppe."[72]

„Sofern wir überhaupt Konserven essen, kaufen wir Eingefrorenes ein. Wir sind beide berufstätig und haben verschiedene Schichten. Es ist praktisch, weil es sehr viel weniger Arbeit macht."[73]

„Ich esse keine Konserven, weil ich denke, daß keine Vitamine mehr drin sind. Ich kaufe mein Gemüse im Bioladen."[74]

Oh Gott, man sieht uns hier ganz nackt!

Bonduelle jetzt glasverpackt.

In den 90er Jahren bieten auch neuartige Firmen ihre Dienstleistungen an. So kocht beispielweise die Aramark GmbH in etwa 450 Betriebsstätten in Deutschland. „Das sind Kantinen und Betriebsrestaurants, namhafte Beispiele sind die Mercedes Benz AG oder Melitta Haushaltsprodukte GmbH u. CoKG. Unser Angebot reicht von einfacher Kantinenkost bis zu Sterne-Menüs, Kiosken und Krankenhaus-Catering.

Unser Auftrag lautet: Kümmert Euch um alles. Wir besorgen das Managemant der Küchen und stellen die Mitarbeiter/innen ein - insgesamt beschäftigen wir 4500. In jeder Betriebsstätte ist ein Manager tätig, der alle Abläufe organisiert und koordiniert: die Warenbestellung, die Organisation des Produktionsprozesses, der Öffentlichkeitsarbeit bis zur Personalverwaltung.

Wir beziehen unsere Zutaten bei unseren Lieferanten in verschiedenen Zubereitungs- und Verpackungsformen. Wir ordern keine Kiloeinheiten, sondern beispielweise 5-Kilo im ‚Poly-Bag'. In solchen Mengen scheidet Glas als Verpackungsmaterial aus. Beispiel Möhren: die Lieferung erfolgt als Tiefkühlkost, in der Dose oder frisch vom Frischdienstlieferanten, schon geputzt, geschnitten oder geraspelt. Der Trend läuft in Richtung Teil-Convenience, z.B. Rohkostsalate. Bei Gemüsekonserven bevorzugen wir jedoch Tiefkühlprodukte. Die sind erstklassig in der Qualität und wir disponieren auch nur Produkte von Unternehmen, die hohe Qualitätsmaßstäbe haben, wie z.B. Bonduelle. Dosenware kommt in den Kantinen nicht so gut an."[75]

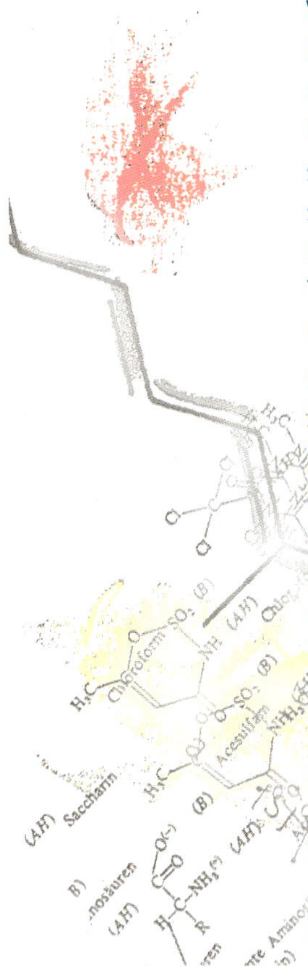

Künstliche Lebensmittel

Den Preis, den die Verbraucher für die bequeme Zubereitung und die schnelle Verfügbarkeit tafelfertiger Speisen zahlen, ist ein standardisierter Geschmack. Die Fertigprodukte sind in ihren Zusammensetzungen genau dosiert und immer gleich gefertigt. Weltweit operierende Lebensmittelkonzerne wie z.B. Bonduelle stimmen die Kompositionen aber auf die in unterschiedlichen Erdteilen vorherrschenden Geschmacksvorstellungen ab.

Seit den 60er und 70er Jahren setzt sich in der Lebensmittelindustrie eine Entwicklung durch, die sich unter dem Schlagwort ‚Die Emanzipation des Geschmacks von der Natur' [76] verorten läßt. Den Grundstein dazu legt die Erfindung der Maggi-Würze, etwa zur Jahrhundertwende. Maggi - eine Würze mit einem eigenständigen Geschmack, ohne natürliches Vorbild. Liebstöckel erhält seinen Spitznamen ‚Maggi-Pflanze' erst später, wegen seines ähnlichen Geschmacks. Die Maggi-Würze ist eines der frühen Ergebnisse der Industrialisierung der Lebensmittelherstellung, die die künstliche Konstruktion von Lebensmitteln als selbstverständlich einsetzt. Diese Tätigkeit, die inzwischen viele Wissenschaftler/innen beschäftigt, hat heute einen eigenen Namen: ‚Food Design'. Dafür gibt es auch einen großen Bedarf, denn die Vorlieben der Verbraucher und ihre Eßgewohnheiten stimmen nicht immer mit dem Geschmack natürlicher Produkte überein. Und so entstehen heute Erdbeerjoghurts, die stärker nach Erdbeere schmecken, als es die Frucht jemals könnte. Das sind inzwischen selbstverständliche Geschmacksmuster. „Unumstritten ist, daß Kinder heutzutage den ursprünglichen Geschmack von einigen Lebensmitteln kaum noch kennen."[77] Denn „der Kunde will ein deutliches Geschmackserlebnis mit dem Holzhammer, sagt der Entwicklungs-Chef von Knorr"[78] - und die Lebensmittelindustrie bedient dieses Bedürfnis, denn die Lebensmittelindustrie versucht, „einen Geschmack zu treffen, der möglichst viele Bevölkerungskreise anspricht. Es handelt sich dabei nicht um einen ‚Standardgeschmack', aber es ist ein weitverbreiteter Geschmack, weil auch immer wieder die gleichen Zutaten Verwendung finden."[79]

Das Produkt braucht eine Gestalt

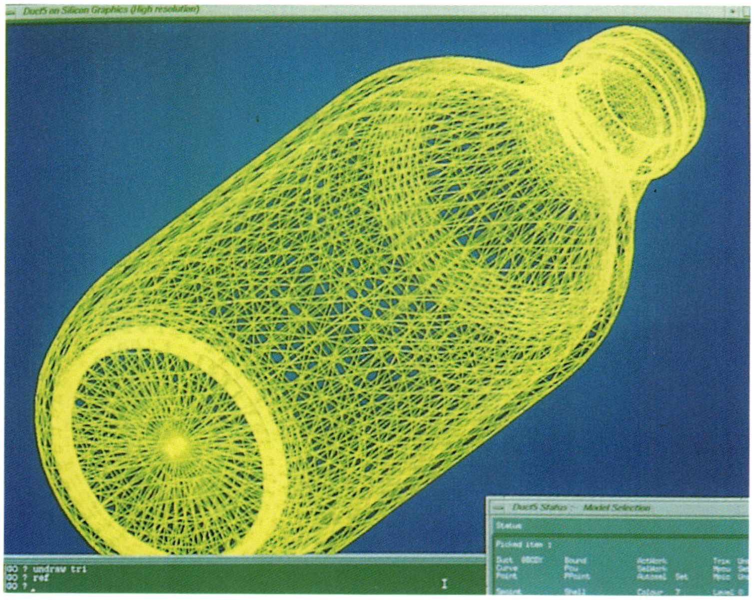

CAD-gestützte Konstruktion einer Flasche bei der Oberland Glas AG.

Standardisierung und industrielle Massenproduktion machen eine gezielte Werbung wie ‚zischt, prickelt, schmeckt', ‚friesisch herb' nötig, um sich gegen Mitbewerber abzugrenzen. Solche Begriffe bilden ‚Images', die im besten Fall eine Verschmelzung mit der Verpackungsgestalt eingehen.

Diese Entwicklung verhilft der Glasverpackung in den 80er Jahren zu einem gestiegenen Ansehen. So legt die Firma Bonduelle in den 90er Jahren in erster Linie aus Imagegründen einen Akzent auf das Verpackungsmaterial Glas. Mit dem Werkstoff Glas werden positive Eigenschaften verbunden: edel, umweltfreundlich, qualitätvoll. „Es ist ganz klar, Glas hat beim Verbraucher eine höhere Wertigkeit und wird von den Unternehmen dementsprechend eingesetzt", bestätigt ein Verantwortlicher von der Oberland Glas AG.[80] Für die Glashütten ergibt sich daraus die Konsequenz, daß die Entwicklung neuer Glasprodukte in immer engerer Abstimmung mit dem Kunden verläuft. „Man muß unterscheiden zwischen zwei Produktentwicklungen: Solche, bei denen der Kunde bereits präzise Vorstellungen hat und andere, die wir selbst aus dem Markt heraus aufnehmen."[81] Einige Lebensmittelhersteller fordern spezielle, auf ein Produkt zugeschnittene Glasformen - eine finanzielle Herausforderung für die Glashütten, weil das die Zahl der zu entwickelnden und herzustellenden Formsätze erhöht.

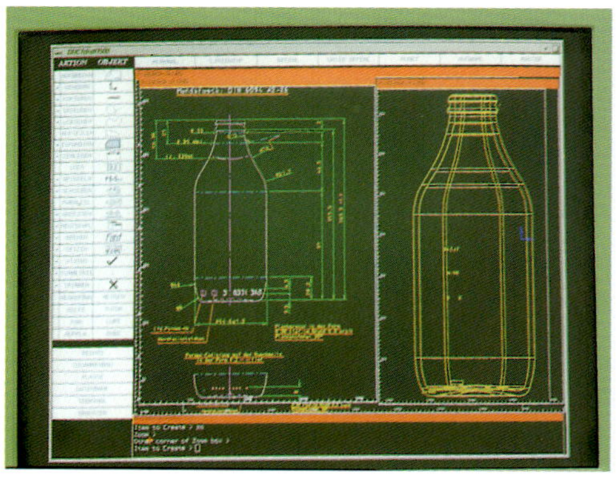

CAD-gestützte Konstruktion einer Flasche bei der Oberland Glas AG.

Angesichts der Bedeutung der gläsernen Umverpackung für die Vermarktung des Produktes beschäftigen sich nicht nur Ingenieure, sondern auch Designer mit der Konstruktion einer neuen Glasform. Neuentwicklungen haben eine lange Vorlaufzeit, wie ein Verantwortlicher der Oberland Glas AG beschreibt. „Der Mitarbeiter im Außendienst nimmt eine Vorstellung bzw. Idee beim Kunden auf und leitet sie an das Produktmanagement weiter. Dort wird die Zielsetzung und Terminierung des Projektes schriftlich präzisiert. Danach beginnt bei den Abteilungen, die in das Projekt involviert sind, die Entwicklungsarbeit. In den Formenkonstruktions- und Designabteilungen werden zunächst Ent-

Computergestützte Formenherstellung

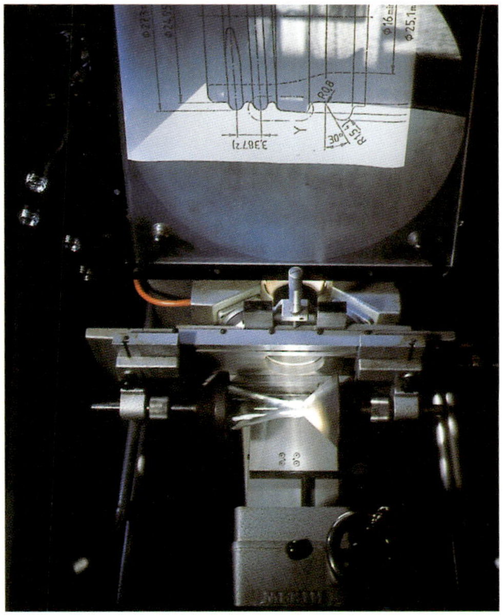

wurfszeichnungen für die Glasbehälter erstellt, um sie den Kunden zu präsentieren."[82] Hier hat in den Glashütten Hightech Einzug gehalten, die Zeiten der Formenwerkstätten mit Schnitzern, die Buchenholz auf der Drechselbank bearbeiten, sind lange vorbei. „Die verbindliche Artikel-Zeichnung wird mit CAD-Software erzeugt, von einem externen Designer oder Mitarbeiter der Formenkonstruktion, der Gespür für Design hat. Die Mitarbeiter dieser Abteilung werden auch dementsprechend eingesetzt - als Design- und Produktentwickler einerseits oder als Konstrukteure andererseits. Sobald die Artikelzeichnung fertig ist, wird sie dem Kunden wieder vorgestellt. Stimmt er zu, wird ein Modell gebaut, um dem Kunden einen dreidimensionalen Eindruck zu verschaffen. Das Modell ist teilweise komplett ausgestattet, d.h. mit Etiketten und Verschluß, um den Gesamteindruck der Glasverpackung zu vermitteln. Im nächsten Schritt wird ein Probewerkzeug gebaut, um Muster anfertigen zu können. Die Musteranfertigung verfolgt zwei Ziele: Der Kunde kann seine Abfüll-Linien auf das Produkt einstellen und die Gestaltung der Etiketten etc. bei seiner Werbeagentur in Auftrag geben. Andererseits gewinnen wir durch die Musterproduktion Erkenntnisse für die spätere Serienproduktion.

Wenn bereits ein Produkt besteht, können wir uns als Zweitlieferant bewerben - das ist eine Frage der Konditionen. Vorausgesetzt, daß wir diese erfüllen, übergibt uns der Kunde eine Artikelzeichnung seines Produktes. Wir erstellen eine Gegenzeichnung und darin besteht in einem solchen Fall unsere Entwicklungstätigkeit. Diese Artikelzeichung dient uns als Grundlage zur Formenherstellung.

Kundenverbindungen sind nicht auf die Unendlichkeit festgeschrieben. Es wird immer Lieferantenwechsel und Änderungen bei den Lieferbeteiligungen geben, denn Marktwirtschaft bedeutet ‚freier Wettbewerb'. Die Massenmärkte Bier, Wein, Mineralwasser und andere alkoholfreie Getränke werden großteils mit Standardflaschen - DIN-Flaschen, die jede Glashütte im Programm hat, bedient. Aus dem Wettbewerb ergeben sich Marktpreise, denn die Kostenstrukturen sind bei den Glashütten ähnlich. Die Rohstoffe sind die gleichen, die Maschinen sind im Grundsatz die gleichen, und der Auslastungsgrad hat ein ähnliches Niveau. Natürlich ist es möglich, daß man sich auch mal gegenseitig in's Gehege kommt. Der

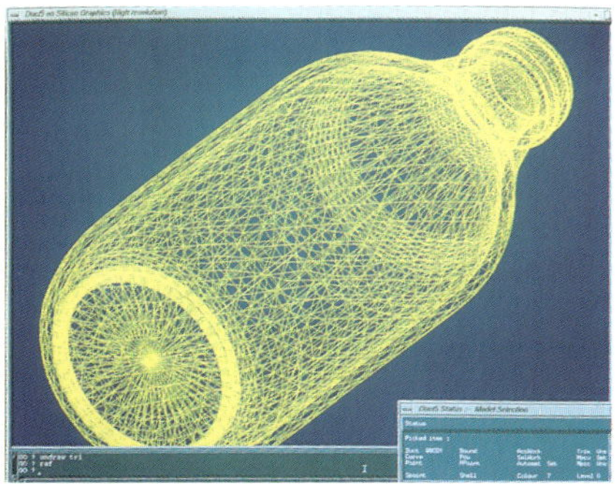

Die Oberland Glas AG mit ihren 4 Werken in Bad Wurzach, Neuburg, Essen und Wirges ist der zweitgrößte Hersteller von Glasverpackungen für Getränke, Nahrungs- und Genußmittel in Deutschland.
Glasverpackungen werden von uns als ganzheitliche Systeme entwickelt, die alle Anforderungen aus Produkteigenschaft, Abfüllung, Distribution und Wiederverwertung berücksichtigen.
Neben der Produktion von Glasverpackungen betreibt die Oberland Glas Gruppe ein erfolgreiches Geschäft mit dem Transfer von Know-how und Prozeßtechnologie sowie dem Verkauf von kompletten Anlagen zur Behälterglasproduktion.
Umweltschutzmaßnahmen sind aus der Verantwortung für unsere Produkte und die Produktion aus eigener Initiative realisiert worden, bevor die öffentliche Diskussion Reaktionen erforderte.
Vom Umweltbundesamt geförderte Pilotprojekte zur Abgasreinigung, das von der Oberland Glas ursprünglich initiierte Glasrecycling zur Wiederverwertung von Altglas und das konsequente Verfolgen von geschlossenen Kreisläufen in der Produktion haben Maßstäbe für das öffentliche Bewußtsein und den Stand der Technik in unserem Industriebereich gesetzt.

Oberland Glas AG

Oberlandstraße, 88410 Bad Wurzach

Markt lebt von Angebot und Nachfrage und ist permanent in Bewegung. Wir verlieren Aufträge, wir gewinnen Aufträge, aber es gibt natürlich auch Geschäfte mit längerfristigen Laufzeiten. Die langfristigen Bindungen gibt es vor allem dort, wo besondere Leistungen erbracht oder spezielle Formflaschen für den Kunden entwickelt wurden.

Manche Verbindungen werden auch dann aus strategischen Gründen gehalten, wenn ein Wettbewerber beabsichtigt z.B. mit besonderen Preisstellungen Aufträge zu übernehmen. Man wird dann die eigene Position mit entsprechenden Argumenten halten, hier sind die Ideen des Unternehmers gefragt. Schließlich muß man nicht Preis gegen Preis ausgleichen - es gibt noch andere Faktoren, mit denen ein Geschäft zu erhalten ist.

Die Messen sind in erster Linie Repräsentations- und keine Verkaufsmessen. Dort werden neue Dinge vorgestellt, es werden auch neue Abschlüsse getätigt. Es entspricht aber nicht der Regel, daß auf einer Messe Geschäfte abgeschlossen werden. Die Messe bietet aber eine gute Gelegenheit, internationale Kontakte herzustellen.

Die Glasindustrie hat einen regen Export. Schwankend von Jahr zu Jahr, liegt er bei etwa 20-25% und übersteigt dabei den Import. Die Warenströme werden sich durch die Öffnung des EU-Marktes intensivieren. Es entstehen internationale Unternehmen und Gruppierungen, die zentral einkaufen. Große Markenartikler arbeiten international mit denselben Produkten und identischen Verpackungen, so daß wir uns vermehrt auf internationale Geschäfte einstellen müssen."[83]

Mineralwasserflasche
aus Leichtglas

Zukunftsperspektive: Kunststofflasche?

In der Flasche:
Mineralwasser, Bier und Milch

Klassiker unter den identischen Verpackungen, mit denen große Markenartikler arbeiten, sind die Mineralwasser- und Bierflaschen: Robuste Arbeitspferde, gemacht für den schnellen Verbrauch ihres Inhalts, stabil genug für mehrfachen Transport und häufige Wiederbefüllung. Zweckmäßige Handhabung und nicht avantgardistisches Design stehen bei ihnen im Vordergrund. Ihr Platz im Haushalt ist der Keller, in dem sie gut gekühlt ihrer Bestimmung harren. Die festliche Tafel zieren andere: die Designerflasche, die fast jeder große Mineralbrunnen seit Ende der 80er Jahre für den Einsatz in der Gastronomie entwickelt hat.

Mineralwasser, Bier, Milch: Ihr Vertrieb erfolgt über die drei in Deutschland schon klassischen Mehrwegsysteme. Die Mineralwasser- und Bierflaschen sind genormt, nach Gebrauch gehen sie zurück an die Brunnenbetriebe und Brauereien und werden dort neu befüllt - bis zu 50 mal wird eine Mineralwasserflasche wieder verwendet. Der Vorteil der genormten Flaschen: Sie sind unter den einzelnen Abfüllern frei tauschbar. Nach der Abfüllung erhalten sie von den Brunnenbetrieben oder Brauereien ein neues Etikett. Über 240 Mineralwasserabfüller nutzen die Vorteile des Mehrwegsystems. Der ‚Klassiker' des Flaschenpools der Mineralbrunnenbetriebe ist die 0,7 Liter fassende Perlenflasche, die 1969 ‚in Betrieb' geht. Optisch gesehen, ist sie ein Kind ihrer Zeit: Die stilisierten Kohlensäureperlen stehen für prickelnde Frische, die elegant geschwungenen Linien beherrschen das Design vom Plastikstuhl bis zur Elektrolokomotive. Bis zum Ende der 90er Jahre wurden davon

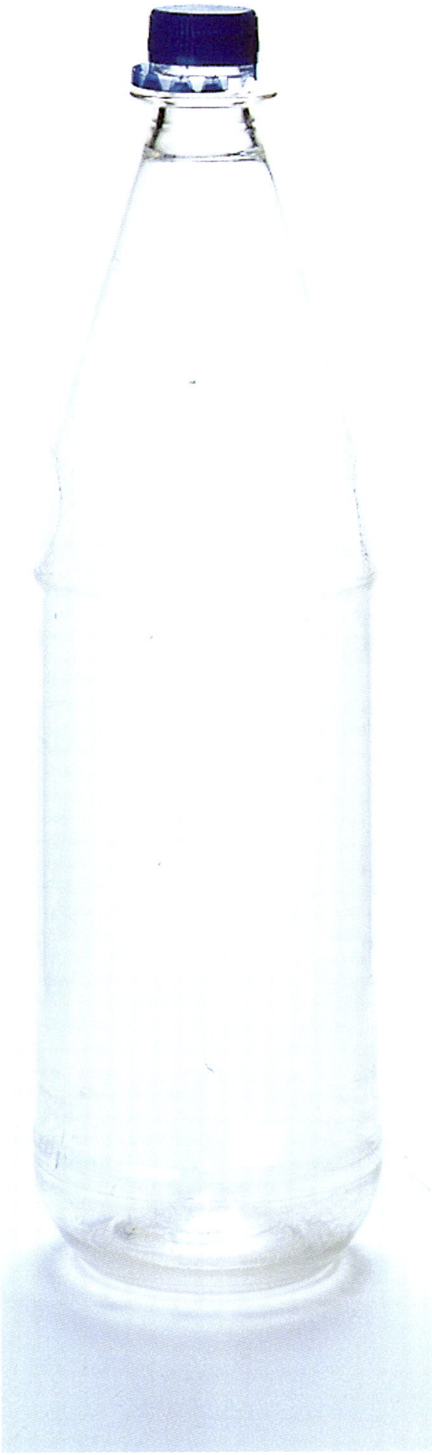

PET-Flasche

über 3,5 Milliarden Stück hergestellt. Davon befinden sich noch 1,6 Milliarden im Pool,[84] der Rest ging zu Bruch oder wurde von der Qualitätskontrolle aussortiert, Altglas für die Herstellung neuer Glasgefäße ...

Neben der Perlenflasche kommt 1983 eine weitere Flasche in den Umlauf: Die Brunnen Einheitsflasche für stille Wässer. Keine technische Notwendigkeit drängt dazu, vielmehr „um dem Verbraucher Orientierung zu geben. Wenn er zu dieser Flaschenform greift, wählt er ein Mineralwasser mit weniger Kohlensäure oder ein Heilwasser."[85] 615 Millionen dieser Grünglasflaschen sind bis heute in den Pool eingebracht worden.

Der Bierdurst wird lange aus der braunen, gedrungenen Standardflasche gestillt, aber auch in diesem Bereich wächst die Vielfalt von Flaschenformen.

Doch die heute noch verbreiteten Flaschen haben auch Nachteile. Die Perlenflasche mit ihrer 30 Jahre alten Konstruktion ist für heutige Verhältnisse ein Schwergewicht - solide 600 Gramm bringt sie in leerem Zustand auf die Waage. Die Verbraucher/innen, die in einem Kasten Mineralwasser 8,4 Liter Naß erwerben, schleppen durch die schweren Glasflaschen und den Kasten noch einmal soviel Gewicht. Ganze 17 Kilo wollen transportiert werden.[86]

Trotz des hohen Gewichts sind Mineralwasser- und Bierflaschen im Mehrwegsystem außerordentlich erfolgreich. Sie gehören -schon wegen der benötigten Mengen- über Jahrzehnte zum Standardartikel im Sortiment fast aller deutscher Flaschenglashütten: „Die Massenmärkte werden teilweise mit Standardflaschen - DIN-Flaschen - die im Prinzip jede Glas-

Vollautomatische
geblasene Euronorm-
Bierflasche

hütte im Programm hat, bedient".[87] Dieser Umstand könnte sich bald ändern. Angesichts der Innovationszyklen anderer Branchen sind 30 Jahre eine außerordentlich lange Zeit. Rund 8 Kilo Verpackungsmasse, um 8 Liter Wasser zu transportieren, wird heute als nicht mehr zumutbar empfunden. Denn nicht nur die Kunden haben Nachteile von dem hohen Gewicht und dem großen Verpackungsvolumen der traditionellen Wasser- und Bierkästen. Im Supermarkt geht viel Stapelfäche verloren, die LKW-Speditionen transportieren pro Fahrt einen hohen Anteil an ‚toter' Masse. In den 90er Jahren kommen deshalb Bemühungen in Gang, das Mehrwegsystem durch die Einführung neuer Flaschentypen zu ergänzen. Dringend notwendig und schon lange überfällig, sagt diese Modernisierung den immer beliebter werdenden Einwegverpackungen den Kampf an. Den Anfang macht die Genossenschaft Deutscher Brunnen, die 1995 bzw. 1996 beschließt, die herkömmliche Mineralwasserflasche durch zwei neue Entwicklungen zu ergänzen: die ‚Leichtglasflasche' und eine Flasche aus dem Kunststoff Polyethylenterephtalat (PET). Der Einsatz von Kunststoff kennzeichnet einen neuen Trend. Denn auch die Leichtglasflasche ist ein Zweischichtenmodell mit einem inneren Glaskolben und einer äußeren Ummantelung aus Kunststoff. Ob das Modell der Zukunft ‚Leichtglas' oder ‚PET' heißt, ist 1998 aber noch nicht endgültig entschieden. Die Leichtglasflasche ist die Chance der Glasindustrie, jenseits der Spezialangebote für den Gastronomiebereich auch im Massenmarkt der Mehrwegflaschen mitzubieten. „Leichtglas ist ein neues Systemangebot, ist der Standard für beliebig wechselnde Füllungen. Leichtglas ist in allen, praktisch relevanten Parametern direkt vergleichbar mit anderen leichtgewichtigen Verpackungen" heißt es mit Blick auf PET in einer Werbebroschüre der Oberland Glas AG. Die Leichtglasflasche vereinigt einige Vorteile der Kunststoff- und der Glastechnologie. Der Verbund der kunststoffbeschichteten Oberfläche und dem inneren Glaszylinder macht die 1-Liter-Flasche

IS-Maschine zur vollautomatischen Glasbehälterproduktion mit Kontrollbildschirm.

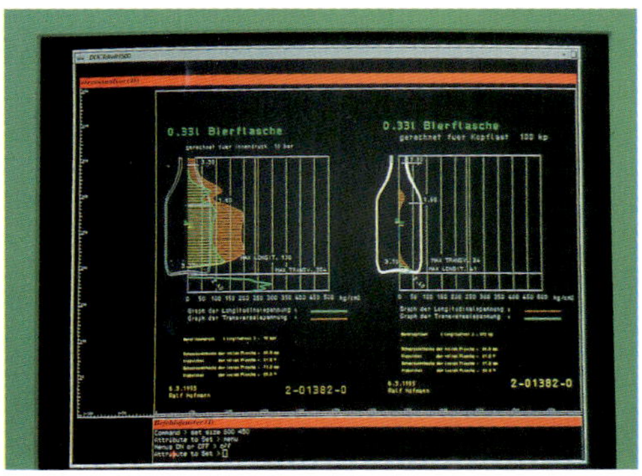

CAD-gestützte Konstruktion einer Leichtglasflasche am Bildschirm.

etwa 40% leichter als die herkömmliche Mineralwasserflasche. Die dehnbare Kunststoffbeschichtung macht die Leichtglasflasche extrem schlagfest und bietet einen guten Splitterschutz. Sie ist langlebig, übersteht bis zu 50 Abfüllungen und verhält sich gegenüber der zugesetzten Kohlensäure auch nach zahlreichen Umläufen chemisch neutral. Auf der anderen Seite: Die Vorteile der PET-Flasche sind bestechend. Das Leergewicht der PET-Flasche ist mit 85 gegenüber 490 Gramm der Leichtglasflasche bedeutend niedriger. Stabil und platzsparend ist sie zudem noch. Nun wird sich erweisen, ob auch die Lebensdauer, die chemische Resistenz und die Reinigungsmöglichkeiten mit den Werten der Glasflasche mithalten können. Doch die kunststoffverarbeitende und anlagenbauende Industrie gibt sich zuversichtlich: „Anfang des nächsten Jahrtausends wird Mineralwasser und Bier auch in Deutschland nur noch in Kunststofflaschen aus PET abgefüllt."[88]

Ob das Wirklichkeit wird, hängt von vielen Faktoren ab: Von der Stärke der politischen Lobby der Industriebranchen bei der Durchführung der Untersuchungen. Wird die Lebensmitteltauglichkeit für kohlensäurehaltiges Mineralwasser in Mehrweg-PET bestätigt? Nicht zuletzt werden nach der Devise ‚der Kunde ist König' auch die Verbraucherinnen und Verbraucher entscheiden.

In den letzten Jahrzehnten hat sich im Bewußtsein der Verbraucher nicht nur der konsumierte Inhalt mit einer Flaschenform verbunden, sondern auch das Material. Coca-Cola und andere Softdrinks in PET-Flaschen abzufüllen, stößt kaum auf Ablehnung. Mineralwasser, kohlensäurehaltig und perlend, frisch und klar im Genuß, Lebenselixier und Jungbrunnen in der Kunststoffflasche? Die Werbung hat hier in den letzten Jahrzehnten ein ‚Image' in die Köpfe gepflanzt. Stichwort Bier in PET: Die echte, kühle Erfrischung, die Belohnung am Ende eines Tages, voller Kraft, das Richtige für Männer, um den Sieg zu feiern ... aus Plastikflaschen?

Monteure einer Anlage zur Bierabfüllung bauen im September 1997 auf dem Gelände der ‚Drinctec-Interbrau 97' in München ihr Abfüllsystem auf. Mit der High-Tech-Anlage können 60.000 neuartige Bierflaschen aus PET abgefüllt werden.

GEBO

Mineralwasserabfüllung

Werden die wertkonservativen Haltungen aufgeschlossen, erschließt sich für die Spezialmaschinenbauer und die kunststoffverarbeitende Industrie ein grosser Markt. Wieder einmal wären wirtschaftliche Umstrukturierungen die Folge. Die Glashütten würden einen sehr großen Teil ihres Marktkontingents verlieren, Glasflaschen würden nur noch in der Premium-Klasse, z.B. in der gehobenen Gastronomie, Anwendung finden.

Zwei Branchen würden weitgehend verschmelzen: Die Herstellung und die Befüllung der Flaschen. Bisher werden die Flaschen aus der Glashütte zum abfüllenden Brunnen transportiert. Herstellung und Befüllung sind getrennt. Die Produktion, Befüllung und Etikettierung der PET-Flaschen wäre dagegen in einem Arbeitsgang möglich. Ausgangsbasis ist ein Kunststoffgranulat. Daraus wird die sogenannte Preform, eine Vorform, hergestellt, indem der flüssige Kunststoff in eine Form gespritzt wird. Diese Vorform wird weitertransportiert und in einer Form zur endgültigen Flasche geblasen. Es folgen Reinigung, Befüllung, Verschluß und Etikettierung. Die Herstellung der Vorformen könnte auch in einem anderen, kunststoffverarbeitenden Betrieb erfolgen. Sie würden zum abfüllenden Brunnen verfrachtet, dort durch Infrarotwärme erhitzt und aufgeblasen.

Nach Ansicht der Genossenschaft Deutscher Brunnen sind diese Visionen noch am Horizont einzuordnen. PET ist in den anderen Länder Europas, in Amerika und Asien zugelassen und in Deutschland seit November 1998 nicht nur für ‚Softdrinks', sondern auch für kohlensäurehaltige Mineralwasser. Die Einführung von PET hing von der Entwicklung und Freigabe eines PET-Materials ab, aus dem durch das in Deutschland übliche stark kohlensäurehaltige keine chemischen Inhaltsstoffe ausgelöst werden und dem Innendruck durch die Kohlensäure standhalten kann.

Bleibt noch die Frage: PET - Mehrweg oder Einweg? Solange PET nicht porenfrei ist, gibt es bei einer wiederholten Nutzung den Geschmack des vorhergehen den Füllgutes ab. Eine hygienische Säuberung mit einer Lauge ist deshalb problematisch. Einweg-Flaschen werden zerschreddert und z.B. zu Kleidungsstücken verarbeitet. Firmen arbeiten schon daran, PET wieder einschmelzen und zu Flaschen verarbeiten zu können. Eine Genehmigung für dieses Verfahren kollidiert aber mit der Verordnung, keine kontaminierten Kunststoffe für Lebensmittelverpakkungen zu benutzen.

Diese Wiederverwertungsform wird auch als ‚downcycling' zu einem minderwertigeren Produkt, das nicht mehr den strengen Maßstäben der Lebensmittelchemie genügt, bezeichnet. Dagegen wird aus Glas immer wieder Glas, auch für neue Mineralwasserflaschen. Die flächendekkende Ausstattung der Mineralwasserbetriebe mit PET-Flaschen hängt also von vielen Faktoren ab. So kommen mit der Umrüstung der Abfüllanlagen hohe Investionen auf die Brunnenbetriebe zu.

Auch noch offen: die Akzeptanz durch die Verbraucher/innen. Glasverpackungen haben das Image: Glas ist mehr wert. In diesem Sinne belegt eine Untersuchung des infas-Institut von 1994: „Die Glaubwürdigkeit einer Verpackung führt immer dann bevorzugt zum Kauf, wenn die Verpackung als umweltschonend angesehen wird, wenn sie unaufwendig ist, wenn sie aus nur einem Material besteht und als Mehrwegpackung angeboten wird."[87] Das macht sich z.B. die Oberland-Glas AG bei ihrer Werbung für die Leichtglasflasche zunutze und folgert: „Mehrwegverpackungen, speziell aus Glas, werden vom Verbraucher auch bei einem höheren Produktpreis bevorzugt".[89] Welchen Stellenwert Umwelt- und Gesundheitsbewußtsein und das bessere Image von Glasverpackungen für die Kaufentscheidung bei simplen Mineralwasserflaschen hat, wird sich bald zeigen: Seit November 1998 liefert der Gerolsteiner Brunnen seine Mineralwasser in PET-Flaschen aus.

Die Glasflasche bekommt Konkurrenz. Die Gerolsteiner Brunnen GmbH beginnt im November 1998 als erster Brunnenbetrieb in Deutschland mit der Einführung der neuen PET-Mehrwegflasche für Mineralwasser

GDB

Mineralwasser in Glasflaschen - bald nur noch eine Sache für's Museum?

BRINKHOFF'S No1
No1
BRINKHOFF'S
No1
DORTMUNDER UNION
Ganz weit vorn.

16.000 Stück einfach zum Gebrauch

Abfall
Beutestücke
Händlerware
Plunder
altes Zeug
kostbarer Schatz
gelebtes Leben
vergangener Alltag
Erinnerungen
vergangene Werte
Heute noch von Bedeutung?

„Sammler? Ein harmloser Besessener, der seine Zeit damit verbringt, Briefmarken einzusortieren, Schmetterlinge auf Nadeln zu spießen oder sich an erotischen Drukken zu delektieren? Oder im Gegenteil ein schlauer Spekulant, der Liebe zur Kunst vorgibt, um zu niedrigen Preisen Meisterwerke zu erstehen und sie dann mit gewaltigen Profiten weiterzuverkaufen. Oder schließlich ein Herr der guten Gesellschaft, Erbe mit Schloß und wertvollem Mobiliar, mit einer Gemäldesammlung, aus der er die schönsten Exemplare auf den Hochglanzseiten von Nobelillustrierten abbilden und bewundern läßt. Drei Meinungen, drei Bilder, denen gemeinsam ist, daß sie uns eine Figur aus der Anekdote präsentieren."[90]

Und was trägt der Sammler wirklich zusammen? Wozu der ganze Plunder, der Hallen füllt? Altes Zeug, von damals, gleich Heiligtümern gehütet, ‚reif für's Museum ...'

Vermittelt die Sammlung nicht zwischen Sichtbarem und Unsichtbarem? Zwischen dem, was als Gegenstand vorhanden ist und dem, was man ‚nur' wahrnimmt? Diese Wahrnehmungen sind durch die unterschiedlichen Erfahrungen, durch subjektive Eindrücke und Assoziationen der Betrachterinnen und Betrachter bestimmt, das macht die Sammlung so wertvoll für ein Museum.

Die Sammlungsstücke, die Schätze des Sammlers Albert Schwiezer gelangen im Westfälischen Industriemuseum in der Glashütte Gernheim, auf dem Dachboden der ehemaligen Korbflechterei zur Schaustellung. In neuen Zusammenhängen erzählen sie den Besucher/innen Geschichten über ihr Vorleben.

Die Gläser der Sammlung Schwiezer vermitteln Unsichtbares, sind sie doch materielle Zeugen ihres Herstellungsprozesses und der Geschichten aus dem Alltag. Bevorraten, konservieren, einkochen, einlegen, pökeln, trocknen ... - das hat nur im ersten Blick etwas Hausbackenes. Der ‚Film im Kopf' aber ruft Erinnerungen wach. Arbeiten, vor denen man sich immer schon drücken wollte, Sorge um preisgünstigen Wintervorrat für die Familie, aber auch der Duft in der Küche, Bilder einer vergangenen Kindheit. Und das Leben ‚mit den Jahreszeiten', wenn im Winter von den eingekochten Birnen gegessen wurde.

Aber wie war das mit dem Einmachen, wer machte das zu Hause? Wie funktionierte das? Mußte man sparen oder ging es um ‚Frischhaltung', gesunde Ernährung?

Geschichten über Trinkgewohnheiten zahlreicher Epochen, Regionen und Gesellschaftsklassen lassen sich mit den Flaschen für Milch und Mineralwasser, Wein und Champagner, Bier und Schnaps erzählen. Es geht aber auch um Essen, um das Haltbarmachen von Obst, Gemüse, Fleisch, Fisch, Saft, Senf, Mayonaise, um das Bewirtschaften eines ‚ganzen Haushalts'.

Aus der umfangreichen Sammlung Schwiezer wird in diesem Buch das Alltagsglas zum Konservieren und Bevorraten in Flaschen und anderen Vorratsgefäßen vorgestellt. Die Sammlungsstücke lassen drei Jahrhunderte Gebrauchsglasgeschichte deutlich werden - vom Beginn der manuellen Massenproduktion im 17. Jahrhundert bis zur weitgehenden Umstellung auf die maschinelle Hohlglasfabrikation in Deutschland zwischen ca. 1920 und 1940. Sie dokumentieren den Übergang von handwerklicher zu industrieller Glasproduktion. Der Übergang verlief in Modernisierungsschüben und jede technische Neuheit führte zu einer weiteren Verringerung der Herstellungszeit für ein Objekt, zur weiteren Normierung der Produktpalette, zur Qualitätssteigerung bei gleichzeitiger Preissenkung.

Aus dem Zeitalter der handwerklich geführten Waldglashütten (17./18. Jh.) stammen ca. 200 Objekte, aus den kaufmännisch geleiteten, frühindustriellen Betrieben von ca. 1800-1880 sind etwa 1500 Vorratsgefäße und Flaschen vorhanden. Den größten Bestandteil der Sammlung machen aber Stücke aus der manuellen Massenproduktion zwischen etwa 1880 und 1930 mit 10.000 Stück aus. Ca. 4000 Flaschen und Vorratsgefäße sind aus der Zeit der maschinellen Glasherstellung vorhanden, von den 30er bis in die 80er Jahre dieses Jahrhunderts, Beispiele für Serienprodukte in exakt gleicher Farbgebung, Wandstärke und Form. Die hohe Zahl der Exponate aus neuerer Zeit läßt sich nicht nur mit der leichteren Verfügbarkeit begründen, mit der weiteren technischen Entwicklung wurden in gleicher Zeit auch wesentlich mehr Gläser hergestellt.

Die Sammlung Schwiezer

Flaschen und Gefäße der Sammlung Schwiezer im ehemaligen Stallgebäude des Anwesens Schwiezer

Zur vielschichtigen Vergangenheit eines Objektes gehört die Geschichte seiner Auffindung, seiner Loslösung aus Gebrauchszusammenhängen, der Überführung aus privaten Räumen in den Hoheitsbereich eines Museums. Private Sammlungen bilden in vielen Fällen eine ‚Zwischenstation' auf der Reise eines Objektes vom Kellerregal zur Museumsvitrine. Wenn private Sammler alltägliche Gebrauchsgegenstände als Objekte ihrer Sammelleidenschaft entdecken, bewerten sie diese weniger unter dem Kriterium der Funktionalität und des ursprünglichen Gebrauchswertes, sondern definieren eigene, neue Bewertungskriterien. So sind das Alter eines Gegenstandes, seine Seltenheit, die spezifische Ästhetik seiner Form oder seines Materials bestimmend für seinen ‚neuen' Wert als Sammelobjekt.

Für den Sammler Albert Schwiezer löste der Zufall einen solchen ‚Neubewertungsprozeß' und damit den Anstoß zum Sammeln aus:

„Ich wollte eines Tages den Keller ausräumen. Dabei stieß ich auf ein Regal, auf dem hinten an der Wand im Halbdunkel eine Menge alter Bierflaschen standen, zum Teil noch mit Inhaltsresten. Meine Großmutter kochte früher immer Himbeersaft in diese alten Bierflaschen ein. Bier- und Brauseflaschen waren dafür besonders geeignet, weil sie den praktischen Bügelverschluß hatten. In Kartoffelkörben habe ich die Flaschen dann aus dem Keller herausgetragen und wollte sie zunächst kurzerhand zum Spermüll stellen. Als ich sie jedoch draußen im Tageslicht besah, fand ich, daß sie eigentlich recht schön waren. Die Brauereinamen und teilweise auch wunderschönen Motive waren erhaben aus dem Glas herausgeprägt. Auch die ‚urigen' Formen und das blasige, schlierige Glas einiger Flaschen faszinierten mich.

Bier- und Brauseflaschen mit ‚Bügelverschluß', dem sog. ‚Limonadeverschluß'

Im darauffolgenden Winter besuchte ich einen verwandten Landwirt in meinem Heimatort. Irgendwie zufällig kam das Gespräch auf alte Flaschen und nachdem ich ihm erzählt hatte, wie reizvoll und schön diese Flaschen für mich wären, und ich vielleicht vorhätte, sie zu sammeln, durfte ich mir alle alten Flaschen, zwei Kartoffelkörbe voll, aus seinem Keller holen. So kam ich, wiederum auch mehr zufällig, zu meinem ersten Sammelerfolg."[91]

So kam ich zu dem Schluß, daß es eigentlich zu schade sei, die Flaschen einfach dem Sperrmüll zu übergeben. ‚Die fressen kein Brot', sagte ich mir und stellte sie wieder ins Kellerregal zurück, jetzt allerdings schön geordnet und ein bißchen abgeputzt.

Wenn auch am Anfang des Aufbauprozesses einer Sammlung in vielen Fällen der Zufall steht, wird die Entstehung, die Zusammensetzung und der Charakter einer Sammlung von anderen Faktoren bestimmt. Der Sammler entscheidet im Rahmen seines persönlichen Bezuges zu den Objekten, seiner Lebenssituation, seiner Kenntnisse, seiner Kontakte und seiner finanziellen wie räumlichen Möglichkeiten über den Aufbau und die Zusammensetzung seiner Sammlung. Die Glassammlung von Albert Schwiezer umfaßt vor allem Flaschen und Gefäße, die im alltäglichen Gebrauch, viele auch in bäuer-

Flaschen aus der Sammlung bei Albert Schwiezer auf dem Stallboden

lichen Haushalten zur Aufbewahrung und Konservierung benutzt wurden. Die Mehrfachverwendung, der Weitergebrauch über viele Jahre, wie es bei den zu Saftflaschen umgenutzten Bier- und Brauseflaschen der Fall war, führten dazu, daß solche Flaschen und Gefäße im ländlichen Raum, in dem Albert Schwiezer lebt, für ihn als Sammler, wenn auch oft nur unter Mühen, erreichbar waren.

„Sehr viele Flaschen und Gefäße habe ich bekommen, indem ich selbst losgegangen bin und an Haustüren nachgefragt habe, vor allem in den ersten Jahren meiner Sammeltätigkeit. Im Winter hatte ich mehr Zeit. Da bin ich in den umliegenden Dörfern von Haus zu Haus gegangen, habe geklingelt und die Leute gefragt, ob sie noch alte Flaschen oder Vorratsgefäße im Keller oder auf dem Boden hätten. Ich würde diese Dinge sammeln und dafür auch ‚gutes' Geld bezahlen. Zunächst habe ich mit relativ niedrigen Geboten angefangen - zwei, drei Mark pro Flasche. Das Ergebnis war jedoch unbefriedigend. Dann habe ich die Preise erhöht. Nun nahmen sich die Leute zumindest die Zeit, auch mal nachzusehen oder zu überlegen, ob noch was da sein könnte. Mit etwas Glück war es dann so, daß ich mit ins Haus hinein durfte, um gemeinsam mit den Hausbewohnern im Keller oder auf dem Boden nachzusehen. Anfangs habe ich auf diese Weise viel für meine Sammlung bekommen. Mit wachsenden Entfernungen und zunehmendem Zeit- und Kostenaufwand habe ich allerdings diese Art des Sammelns mehr und mehr aufgegeben."[92]

Der Radius dieser Tätigkeit erweiterte sich nach und nach über den unmittelbaren räumlichen und persönlichen Kontaktbereich hinaus: Aus Zufällen wurden ‚gesteuerte', absichtlich herbeigeführte Situationen, die durch die Vermittlung professioneller Händler, durch Kontakte mit anderen Sammlern und durch aktives Suchen und Stöbern entstanden.

„Es war schon so, daß ich die besseren Dinge bekam, wenn ich wußte, wo sie zu finden waren. Glückliche Zufälle gab es natürlich auch. Besonders schön war es, wenn ich mit einem Händler losfahren konnte, der mich mitnahm ‚auf Tour' und wenn ich dann gemeinsam mit ihm die Böden durchstöberte und fündig wurde. Dabei habe ich dann auch festgestellt, daß es viele heimliche Trinker gegeben hat, die ihre ausgeleerten Flaschen auf dem Dachboden unter den Fußbodendielen versteckt haben. Da, wo an der Dachschräge die Fußbodendielen enden, habe ich unter die Dielen gefaßt und manchmal eine ganze Reihe alter Flaschen gefunden. Wenn man keine Berührungsängste mit Staub, Dreck und Ungeziefer hat und bereit ist, darin herumzuwühlen, dann kann man mit etwas Glück in Kellern und auf Böden schon manchen schönen und ergiebigen Fund machen.

So gibt es z.B. in einem Nachbarort einen Bierverleger, der zu den Menschen gehört, die nichts so schnell wegwerfen. Von solchen Leuten lebt der Sammler. Hatte er doch aus der alten Zeit, von seinem Großvater, noch sämtliche Bierflaschen auf einem Dachboden, bis unter das Dach gestapelt, aufbewahrt. Ich bin dann in den Sommerferien dort hingefahren. Zwei Sommerferien lang habe ich bei glühender Hitze unter dem Dach aussortiert. Mir rann der Schweiß am Körper runter, ich sah aus wie ein ‚Ferkel', so richtig vollgemüllt von oben bis unten mit Staub bedeckt, das Gesicht war schwarz und dazu die unerträgliche Hitze. Aber ich habe durchgehalten und alle Flaschen umgestapelt. Dabei habe ich sehr viele Bier- und Brauseflaschen aus der hiesigen Gegend gefunden.

Im Übrigen mußte ich doch immer sehr viel Einsatz bringen, um die einzelnen Dinge zusammenzutragen, das war oft sehr mühevoll."[93]

Ein großer Teil der Flaschen und Gefäße in der Sammlung von Albert Schwiezer stammt aus dem weiteren Einzugsbereich seines Wohnortes im Wesertal. In dieser ländlichen Umgebung konnte er Flaschen und Gefäße durch hohen persönlichen Einsatz und ‚gesteuerte' Zufallsfunde selber beschaffen, war aber darüber hinaus auf intensiven Kontakt zu Händlern und anderen Sammlern angewiesen, um weitere Flaschen kaufen und tauschen zu können. Durch zeitaufwendige Reisen zu Auktionen oder zu Flohmärkten erweiterte er räumlich und inhaltlich den Radius der Beschaffung von Flaschen.

Flaschen aus der Sammlung in nicht mehr benötigten Räumen des Wohnhauses Schwiezer

„Eines Tages erfuhr ich, daß es in Hameln einen Sammler gab. Zu dem habe ich Verbindung aufgenommen und getauscht. Bald habe ich mich gewundert, woher dieser immer die alten Flaschen bekam. Die würde er von irgendwelchen Leuten bekommen oder von den Böden alter Häuser, bekam ich als Erklärung. Daß er aber regelmäßig zum Flohmarkt fuhr und dort kaufte, hatte er mir verschwiegen. Nun hatte ich inzwischen schon Kontakte mit einigen Händlern aus der näheren Umgebung aufgenommen, die ich gelegentlich besuchte und von denen ich auch Flaschen kaufte. Einer von ihnen sagte mir dann irgendwann einmal: ‚Ich fahre regelmäßig zum Flohmarkt, Du kannst ja mal mitfahren.' So habe ich den Flohmarkt kennengelernt und festgestellt, daß man dort mit viel Glück noch viele alte Flaschen erstehen konnte. Gleichzeitig lernte ich zahlreiche Händler kennen, die für mich gezielt Flaschen sammelten und mitbrachten. Daneben habe ich über Jahre in allen Anzeigenzeitungen, die für mich erreichbar waren und auch in der lokalen Presse inseriert. Viele Kontakte haben sich zudem dadurch ergeben, daß ich einfach Privaten und Händlern meine Adresse gegeben hatte. Diese haben sich dann bei mir gemeldet, wenn sie etwas für mich gefunden hatten."[94]

Im Verlauf der Sammeltätigkeit entwickelt der Sammler zunehmend Kompetenz in seinem ‚Fach'gebiet. Der Blick auf die Sammelobjekte verschärft sich, einzelne Stücke kristallisieren sich als besonders wertvoll, sammelnswert heraus. In ständigem Dialog mit anderen Sammlern, auf Auktionen und anhand von Katalogen bestimmen die Sammler in einem internen Diskurszirkel den Wert der einzelnen Stücke. In diesem Prozeß der Wertschätzung entstehen die Preise. Der hohe Wert von einzelnen Flaschen im Vergleich zu ähnlichen Stücken erschließt sich auf Anhieb nur dem Kenner. Hochwertige Flaschen oder Vorratsgefäße können sehr unscheinbar wirken.

„Der Preis einer Flasche oder eines Gefäßes wird bestimmt vom Alter, der Seltenheit, der Herkunft, der Geschichte und der kulturhistorischen Zuordnungsmöglichkeit. Um so mehr kulturhistorischen und geschichtlichen Hintergrund eine Flasche hat, um so älter und um so seltener sie ist, und wenn sie dann auch noch eine sehr schöne ästhetische Form und

Flaschen und Gefäße der Sammlung Schwiezer im ehemaligen Stallgebäude des Anwesens Schwiezer

Glasmasse besitzt, wenn das alles zusammentrifft, dann ist eine Flasche in der Regel sehr teuer. Diese wertvollen Stücke machen eine Sammlung aus. Das empfindet und erlebt man als Sammler immer wieder. Zu diesen Stücken geht man gezielt hin, guckt sie sich an und erfreut sich jedesmal erneut daran. Die weniger bedeutsamen Stücke bekommt man, sie finden kurze Beachtung, werden zu den vielen anderen gestellt und bleiben dort stehen. Der Bezug schwindet wieder. Irgendwann nimmt man sie dann durch Zufall wieder raus und sagt: ‚Ach, das Stück hast du auch' und freut sich ein wenig darüber. Ständige Freude bereiten jedoch nur die hochwertigen, die besseren Stücke. Sie vermitteln die Befriedigung, die man als Sammler sucht. Man fängt auf einem relativ niedrigem Niveau an. Mit zunehmender Dauer des Sammelns wachsen die Ansprüche. Zunächst habe ich ja auch mit dem Sammeln einfacher Bier- und Brauseflaschen angefangen. Erst später folgten Flaschen und Gefäße, die seltener und wertvoller waren, und die ich nur mit höherem Aufwand bekommen konnte."[95]

Der inhaltliche Schwerpunkt der Glassammlung Schwiezer hatte sich fast zufällig ergeben: Bäuerliches Gebrauchsglas war zunächst vergleichsweise noch leicht erreichbar und im Lebenskontext Albert Schwiezers schon als Alltagsgegenstand vorhanden. Der spezifische Charakter der Glassammlung Schwiezer konnte sich jedoch nur unter den besonderen zeitlichen und räumlichen Bedingungen entwickeln, in denen Albert Schwiezer lebt. Da er in einem großzügig angelegten ländlichen Anwesen wohnt, konnte er die Sammlung weitgehend unbeschränkt durch räumliche Einengung wachsen lassen.

„Mein Beruf hat es mir auch ermöglicht, das Flaschensammeln so intensiv zu betreiben, denn ich konnte ab Mittag in der Regel meine Arbeitszeit selbst einteilen. Wenn ich von einem Händler hörte, daß er etwas für mich hatte, setzte ich mich sofort mittags in den Pkw und fuhr los. Dadurch hatte ich vor anderen, die berufsbedingt erst ab 16.00 oder 17.00 Uhr fahren konnten, einen Vorsprung. Auch wenn ich mich vor meiner Sammeltätigkeit entschlossen hätte, im beengten städtischen Bereich zu leben, dann wäre diese Sammlung nie zustande gekommen. So haben mir nicht zuletzt auch mein Beruf und günstige räumliche Voraussetzungen besondere Möglichkeiten beim Sammeln geboten.

So ist es dann gekommen, daß ich breit gefächert gesammelt habe. Dabei kam mir entgegen, daß ich Platz zur Verfügung hatte. Wir haben den Bauernhof, als ich Lehrer wurde, verpachtet. Die Wirtschafts- und Kellerräume sowie weitere Räume in dem großen Wohnhaus standen leer. Die konnte ich nutzen, um die Sammlung unterzubringen. Eigentlich war es so, daß ich relativ ziellos gesammelt habe, obwohl ich immer wieder die Absicht hatte, mich irgendwann einmal zu spezialisieren und damit auch einzuschränken und zu sagen, daß dieses oder jenes nicht mehr in meine Sammung hinein sollte. Aber wenn ich ein Teil erworben hatte, und es erst einmal in meinem Besitz war, dann hatte ich ja auch den Platz, um es erst einmal hinzustellen. Später habe ich dann gedacht: ‚Laß es stehen, es paßt irgendwie in die Sammlung, es gehört mit dazu.'

Es war eben einfach der Platz vorhanden, und das ist das, was den meisten anderen Sammlern fehlt. Bei mir konnte ich ja immer noch mehr dazu stellen. Der Keller war erst ein Vorratskeller, nachher habe ich den ganzen Keller nur noch für Flaschen benutzt. Schließlich konnte ich nur noch mit vorsichtigen Schritten hindurchgehen, um nicht etwas umzuwerfen. Auch die Regale standen voll. Ich hätte sicherlich nicht so viel Zeit und Geld aufwenden müssen und auch nicht so viel Raum gebraucht, wenn ich mich spezialisiert hätte. Das habe ich aber nie geschafft. Ich sammle eben auch, weil ich nicht nur einen Spezialbereich abdecken, sondern eben auch die Vielfalt einbeziehen möchte.

Ich habe nicht geahnt, wie reizvoll das Flaschensammeln ist und welche Leidenschaft daraus werden kann. Viele Momente und Faktoren tragen dazu bei:
Das ‚Jagen nach Beute' und das Stöbern irgendwo in alten Anwesen, auf Dachböden und im Keller, sowie die Freude nach der Erweiterung der Sammlung sind besonders motivierend. Auch der Gedanke, daß diese Gegenstände früher einmal von anderen Menschen zum alltäglichen Gebrauch genutzt wurden, beflügeln die Phantasie des Sammlers. Außerdem sind da noch die Sammelstücke selbst mit ihrer eigenen Historie: Alter, Geschichte, Herkunft und ihre Verwendung. Hinzu kommen die Reize des Materials, der Glasfarbe, der Schlieren und Einschlüsse und vor allem der Form. Nicht nur der Handwerker hat die Form bestimmt, indem er ästhetisches Empfinden in seine Arbeit hineingelegt hat, sondern die gewollte Formgebung geht auch mit den Eigenschaften des noch flüssigen Materials ‚Glas' eine Verbindung ein, wie z.B. bei manchen schön ausgeschwungenen Kugel- oder Tropfenflaschen."[96]

Die Verlockung liegt gleichermaßen im Prozeß des Sammelns wie in der Freude an einem besonderen Stück. Beides zusammen bringt den Liebhaber dazu, mit hohem finanziellen und zeitlichem Aufwand immer neue Objekte zu suchen, aufwendige Kaufverhandlungen zu führen, weite Reisen zu unternehmen, um auf Auktionen mitzubieten und den Lebensalltag weitgehend unter dem Zeichen des Sammelns zu gestalten. Wenn man sich dann noch mit der Geschichte und den sozialen Hintergründen befaßt, die mit der Glasmacherei verbunden sind, dann wird die große Vielseitigkeit auf diesem Sammelgebiet sichtbar.

„Passionierte Sammler und Flohmarktgänger bezeichen sich ja selbst zutreffend als ‚Sammler, Jäger und Fallensteller'. Sammler, Jäger, weil man wirklich von einem Ort zum anderen jagt und versucht, die Beute - hier die Flaschen - aufzustöbern, und Fallensteller, indem man versucht, eine Flasche durch geschicktes Vorgehen und eventuelles Austricksen anderer Interessenten, für sich zu bekommen. Es gibt eben nicht zwei Flaschen. Hier geht es einfach darum, entweder bekomme ich die Flasche oder der andere, wobei aber in der Regel doch ein gewisses Maß an Fairness eingehalten wird.

Für den Sammler besteht die Gefahr, daß er sich in der Sache verliert; er steigert sich mehr und mehr hinein. Es ist schließlich kein Hobby mehr, er setzt sich selber unter Druck und Streß. Es kommt auch ein gewisser Ehrgeiz auf. Wenn man andere Sammler kennt, will man einen gewissen Vorsprung haben und möchte zu den ‚Größeren' gehören. Das führt letztendlich dazu, daß man oft mehr tut, als eigentlich für ein Hobby angemessen wäre. Sicher ist es vielleicht auch gar nicht so reizvoll, wenn man alles einfach ohne Einsatz für Geld bekommen kann. Mit Mühen etwas zu erreichen, ist viel befriedigender, als nur das Portemonnaie zu öffnen."[97]

1994 verkaufte der Sammler A. Schwiezer seine Sammlung, abgesehen von einigen ‚Lieblingsstücken', an das Westfälische Industriemuseum in Dortmund. Unter anderen Kriterien bewertet, katalogisiert, inventarisiert und verwaltet finden sich die Objekte seiner Sammelleidenschaft nun in den Vitrinen und auf den Regalen des Depots eines Museums wieder. Dieser erneute Umbewertungsprozeß ermöglicht neue Blicke auf die Objekte: Als materielle historische Quellen, als technische Zeugen bestimmter Herstellungsprozesse, als Objekte einer Sammelleidenschaft. Für den Sammler bedeutete der Verkauf einen geglückten Einschnitt in seine Tätigkeit, der ihm ermöglichte, die Sammlung als gewachsenen Organismus weiterzugeben in der Gewißheit, daß sie auch in Zukunft zusammenbleibt, nicht zerrissen wird und ihm andererseits Raum verschaffte, weiterzusammeln.

„Meine Sammlung hatte mittlerweile einen so riesigen Umfang angenommen, daß ich Sorge hatte, daß der Platz nicht mehr ausreicht. Ich hatte überschlagen, daß die Sammlung mittlerweile etwa 20.000 Flaschen und Gefäße umfaßte, und auf die Zukunft gerichtet habe ich mich gefragt: ‚Wie soll das weitergehen, wer wird das alles einmal übernehmen? Wo ist der Platz, den du benötigst, wenn du so weitermachst?' Wenn ich die Sammlung hätte im einzelnen auflösen müssen, wäre sie in alle Winde zerstreut worden. Mein Anliegen war aber: Die Sammlung sollte zusammenbleiben, und darum habe ich es begrüßt und als richtigen Weg gesehen, daß das Museum die Sammlung übernommen hat. Ich betrachte meine Sammlung auch als eine Art Lebenswerk, das nun seinen richtigen Platz gefunden hat. Das Zusammentragen hat einerseits viel Freude gemacht, andererseits aber auch viel Sorgen und Mühen bereitet und hohe finanzielle Opfer erfordert. Aber letztendlich ist nun doch alles zu einem guten Ergebnis gekommen. Ich freue mich darüber, daß die Sammlung nun als Ganzes der Öffentlichkeit zugänglich wird. Daß sich auch andere darüber freuen können, war ein Anliegen, das mir unter anderem am Herzen lag.

Ich würde es allerdings als Verlust empfinden, wenn ich aufgehört hätte, zu sammeln und ich mich zufrieden gegeben hätte mit den wenigen Sachen, die noch bei mir verblieben sind; denn irgendwann ist es so, wenn man als eingefleischter Sammler immer nur den gleichen Bestand hat und sich immer nur an den gleichen Objekten erfreuen kann, dann wird es schließlich langweilig. Jetzt ist es so, daß ich nicht unbedingt das Gefühl habe, ich habe alles weggegeben, was mir Freude bereitet. Indem ich weitersammle, nun allerdings gelassener und nicht mehr so intensiv, habe ich mir die Freude erhalten. Mittlerweile ist aus dem Restbestand schon wieder eine beachtliche neue Sammlung erwachsen, die mir sicher später auch im Ruhestand eine sinnvolle Betätigung ermöglicht."[98]

Glossar

Arsenik	Populäre Bezeichnung für Arsentrioxid. Arsenik wird verbreitet als Mittel zum *Läutern* eingesetzt. Hier ist das Hinzufügen eines Oxidationsmittels erforderlich (meistens ein Nitrat). Arsen ist stark giftig und kommt in der Natur in sulfidischen Erzen, besonders denen des Bleis vor.
Ätzen	Silikatgläser sind in Flußsäure löslich. Deshalb kann man ein Glas von der Oberfläche her im Flußsäurebad abtragen (‚ätzen'). Durch teilweises Abdecken der Glasoberfläche können mithilfe des Ätzens verschiedene Dekor-Effekte erzielt werden.
Bemalen	Veredlung des Glases, meist zu Dekorationszwekken, durch Oberflächenbeschichtung. Als Kaltmalerei oder mit Farbstoffen, die bei 400-600 Grad in die Glasoberfläche eingebrannt werden.
Blasen, freies	Formgebung des Glases mit der Glasmacherpfeife durch Ausblasen ohne Zuhilfenahme von Modeln (Formen). Freies Blasen ist die älteste Art der Formgebung bei der Glasherstellung.
Braunstein	Populäre Bezeichnung für Manganoxid. Braunstein wird zur Violettfärbung des Glases verwendet. Da es teilweise den Grünstich der Eisenoxide (Fe_2O_3) kompensiert, wird es auch zur Entfärbung des Glases verwendet.
Bügelverschluß	*siehe Lochmundverschluß.*
Einstechen	Nach innen gerichtete Einwölbung des Flaschenbodens, um Stand- und Druckfestigkeit der Flasche zu erhöhen. *Siehe Einstich.*
Einwölben	Formgebung des Flaschenbodens, um eine größere Stand- und Druckfestigkeit der Flasche zu erhöhen. *Siehe Einstich.*
Einlegen	Einfüllen des Gemenges, entweder in einen Glashafen oder in den Wannenofen, manuell mit Schaufel oder Kelle oder mit Hilfe besonderer, oft computergesteuerter Einlegemaschinen.
Einschluß	Im erstarrten Glasgemenge eingeschlossene Luftblasen oder Fremdpartikel.
Einstich	Bis ins 19. Jahrhundert verwendetes Werkzeug, mit dem eine gleichmäßige, nach innen gerichtete Wölbung des Flaschenbodens hergestellt werden soll, um die Standfestigkeit der Flasche zu erhöhen. *Siehe auch Patentboden.*
Eisenoxyde	Eisenverbindungen, die zum Grünfärben des Glases verwendet werden. Eisenoxyd ist als ‚Fremdstoff' meist schon im Gemengesand enthalten und muß zur Herstellung von Klarglas aus der Schmelze entfernt werden.

Formholz	Werkzeug der Glasmacher, oft aus Birkenholz, das zur Formgebung bei der Glasherstellung eingesetzt wird.
Formzange	Werkzeug der Glasmacher bei der Formgebung des heißen Glases.
Gemenge	Glassortenspezifische Mischung der staubförmig zerkleinerten Rohstoffe *Sand*, *Kalk*, *Soda* und anderer Zuschlagstoffe, die in *Glashäfen* oder *Wannenöfen* bei bis zu 1400 Grad zu Glas aufgeschmolzen werden.
Generatorgas	Bei der Verschmelzung von Kohle in *Gasgeneratoren* entstehendes Gas, das zur Befeuerung der Glasschmelzöfen verwendet wird. Heute haben die meisten deutschen Glashütten die Eigengaserzeugung eingestellt und beziehen Erdgas.
Glashafen	Tongefäß, in dem das Gemenge aus Sand, Soda und Kalk zu Glas aufgeschmolzen wird. Wird in *Hafenöfen* eingesetzt.
Glaskülbel	Wird in eine aus dem Schmelzofen entnommene Glasmenge durch eine geeignete Zuführung (z.B. durch die Glasmacherpfeife) Luft eingeblasen, entsteht in seinem Inneren ein Hohlraum, während sich seine äußere Kontur ausweitet. Das entstehende Gebilde wird als Külbel bezeichnet, das im Folgenden durch Blasen und Formgebung weiterverarbeitet werden kann.
Glasmacherpfeife	Grundprinzip des Glasblasens. Ein dünnes ‚Rohr', das innen hohl ist, wird in die flüssige Glasmasse eingetaucht. Bläst der Glasmacher in das Rohr, bläht sich am unteren Ende die entnommene Glasgemenge auf. Das Glas kann durch weiteres Blasen und verschiedene Werkzeuge geformt werden.
Glasmacherschere	Von den Glasmachern verwendete Schere mit breiten Blättern zum Abschneiden der Glasmasse, z.B. beim Ansetzen von Henkeln.
Hafenofen, gemauert	Ofenform, in der Glasmasse in diskontinuierlicher Schmelze in sogenannten Glashäfen gewonnen wird. Als Hafen werden zylindrische Gefäße bezeichnet, die überwiegend aus Tonschamotten bestehen und in denen sich das zu schmelzende Glas befindet. Die Häfen befinden sich zur Durchführung der Schmelze in einem Ofen, dem Hafenofen. Häfen werden immer manuell, durch Glasmacher ausgearbeitet und müssen immer wieder neu mit Gemenge zugestellt werden.
Kalk	Neben Sand und Soda ein Grundstoff des Glasgemenges. Kalk bzw. Dolomit wird dem Gemenge beigefügt, um dem Glas eine größere Härte und chemische Beständigkeit zu geben.

Koksgas	Koksgas entsteht bei der Kohleverkokung (Trockene Destillation). Bei der Erhitzung der Kohle (unter Luftabschluß bis zur Rotglut) entstehendes energiereiches Gas, das nach der Reinigung von Staub und anderen Kohlengasverbindungen zur Befeuerung von Öfen verwendet werden kann.
Kühlofen	Ofen, der mit niedriger Temperatur betrieben wird, in den die fertiggeblasenen Glaserzeugnisse eingesetzt werden. Durch ein definiert langsames Abkühlen im Kühlofen werden Kühlspannungen in den Glaserzeugnissen verringert und damit Glasbruch vorgebeugt.
Läutern	Entfernen von Gasblaseneinschlüssen aus dem Glas zu Beginn der ‚Blankschmelze' durch Zusatz von Läutermitteln und Herstellung der maximalen Prozeßtemperatur im Schmelzofen.
Lochmundverschluß	Bügelverschluß, z.B. von Bierflaschen.
Marbelplatte	Platte aus poliertem Stahl, auf der der Glasmacher den an der Pfeife befindlichen Glasposten (aus dem Ofen entnommene Glasmenge) zu einer zylindrischen Form auswalzen kann.
Mündungszange	Werkzeug zur Formgebung einer Gefäßmündung. Die Verwendung der Mündungszange löst das Freie Formen der Mündung ab. Hierdurch wird die manuelle Herstellung von Hohlglas erheblich beschleunigt.
Oxyd, färbendes	Chemikalien, die der Glasmasse unterschiedliche Färbungen verleihen. Diese können gezielt zugesetzt werden, um Farbgläser zu erzeugen oder als ‚Fremdstoffe' bereits im Sand erhalten sein, *siehe Eisenoxyd.*
Patentboden	Im 19. Jahrhundert verwendetes gewölbtes gußeisernes Bodenteil zur Herstellung eines gleichmäßig gewölbten Flaschenbodens. Während der *Einstich* von Hand in den Flaschenboden gestochen werden muß, kann die Flasche auf den Patentboden aufgepreßt werden. Oftmals wird der Boden auch in zylindrische Tonformen eingelegt, in die dann der Flaschenkörper eingeblasen wird. Hierdurch wurde eine gleichmäßigere, kantenschärfere Ausformung erzielt als mit dem Einstich.
Polieren	*siehe Schleifen.*
Pottasche	In vorindustrieller Zeit dem Gemenge zugesetztes Flußmittel, das aufgrund seiner chemischen Eigenschaften die Schmelztemperatur des Gemenges von 1700 auf ca. 1400 Grad herabsetzt. Pottasche wird durch Auslaugen von Holzasche in großen Gefäßen gewonnen. Im Verlauf der Industrialisierung wird Pottasche als Flußmittel von künstlich hergestellter *Soda* weitgehend abgelöst.

Regenerativsystem	*siehe Wanne.*
Sandstrahlen	Beim Sandstrahlen werden Quarzsandkörner mit Druckluft gegen die zu bearbeitende Oberfläche geschleudert. Dabei entstehen sehr kleine, muschelförmige Abplatzungen. Sandgestrahlte Flächen sehen gleichmäßig matt aus, sind jedoch rauher als *geätzte Oberflächen.*
Schleifen	Eine spanabhebende Bearbeitung der Glasoberfläche, die zum Glätten und Dekorieren von Oberflächen verwendet wird. Das Schleifen mit extrem feinkörnigen Schleifmitteln, das eine klare und durchsichtige Oberfläche erzeugt, wird als Polieren bezeichnet.
Schliere	Ungleichmäßigkeit innerhalb der aufschmelzenden Glasmasse in Form eines fadenförmigen Gebildes, das durch Strömungsunterschiede innerhalb der Glasschmelze entsteht.
Siliciumoxyd	Chemischer Begriff für Quarzsand (auch: Glassand, Sand). Quarzsand bildet die Grundlage der Glasschmelze. Kristallines Siliziumoxyd ist Bestandteil vieler Gesteine, bei deren Verwitterung es wegen seiner besonderen Beständigkeit zurückbleibt. Bei der Glasschmelze wird Quarzsand mit einer Restfeuchte von 3.9% verwendet. Diese Feuchte wirkt sich positiv im Gemenge aus (partielle Lösung des Soda und Imprägnierung des Gemenges mit Soda).
Soda	Künstlich, auf Grundlage von Steinsalz hergestelltes Natriumkarbonat. Einsatzstoff des Gemenges zusammen mit Sand und Kalk. Soda dient als Flußmittel, d.h. es setzt aufgrund seiner chemischen Eigenschaften die Schmelztemperatur des Gemenges von 1700 auf ca. 1400 Grad herab. Künstliches Soda hat die früher verwendete Pottasche als Flußmittel weitgehend abgelöst, seine Einführung hat die Herstellung von Glas gegenüber der bis ins 19. Jahrhundert verbreiteten Pottascheverwendung erheblich verbilligt.
Tropfenspeiser	Ein Speiser ist ein Zuteilungsapparat, der seperaten Formgebungsmaschinen wie z.B. Hohlglasmaschinen, Pressen usw., das Glas aus der Arbeitswanne portionsweise zuführt. Im Tropfenspeiser führt ein Metallstab (‚Plunger') periodische Auf- und Abbewegungen aus, so daß der aus dem Speiser austretende Glasstrom periodisch schwankt. An seiner dünnsten Stelle wird der Glasstrang durch eine mit zwei Messern versehen Schere abgetrennt - die hierdurch entstehende Glasportion (‚Tropfen') kann durch eine Veränderung des Hubs des Plungers sehr genau dosiert und in ihrer Form verändert werden. Das hängt von der nachgeschalteten Maschine ab, die von dem Speiser bedient wird.

Verbrennungsluft	Dem Glasschmelzofen zugeführte Luft, um die Verbrennung der jeweiligen Energieträger (Gas, Öl, Kohle) zur Beheizung der Wanne anzufachen.
Vorformen	Moderne maschinelle Formgebungsverfahren des Glases setzen sich aus verschiedenen aufeinanderfolgenden Teilprozessen zusammen. Bei der Vorformung von z.B. Flaschen wird das Vorblasen einer länglichen Form bezeichnet - in jedem Fall Blasvorgänge, die vor dem letzten Arbeitsschritt liegen, der mit dem Erstarren der Glasmasse endet.
Wanne	Auch: Schmelzwanne, Wannenofen. Wannenöfen sind dadurch gekennzeichnet, daß das Schmelzgefäß Bestandteil des Ofens ist. Das Wannenbassin wird aus Blöcken von Feuerfestmaterial hergestellt und ist im Betrieb randvoll mit Glasmasse gefüllt. Wannenöfen werden meist kontinuierlich betrieben: Während im vorderen Teil der Wanne die fertige Glasmasse entnommen wird, legt man im hinteren Wannenteil das Gemenge nach. Die Beheizung der Wannenöfen erfolgt heute zumeist mit Gas, z.T. auch elektrisch, wobei aus Energiespargründen mit den heißen Abgasen der Wannenfeuerung die Verbrennungsluft vorgeheizt wird (‚Regenerativwanne').
Wulgerholz, Wulgerlöffel	Genässte, hölzerne Werkzeuge mit löffelartiger Vertiefung. Durch das Drehen des Glaskülbels in einem massiven, genäßten Holzlöffel wird die gleichmäßige Rundung des Külbels gesichert. Auch wird dadurch dem Külbel eine stärkere abgekühlte Außenschicht verliehen, die durch ihre höhere Viskosität dem Glaskülbel eine gewisse Steifheit bzw. Stabilität gibt.

Dieses Glossar entstand unter Verwendung der einschlägigen Fachliteratur von:

* G. Nölle, Technik der Glasherstellung, Leipzig 1977
* Bettina von Andrian-Werburg, Gebrauchsglas 1800-1945, Kassel 1993
* Winfried Glocker, Glastechnik, München 1992
* OBrigitte Jaschke, Glasherstellung, Müchen 1986

Anmerkungen

1
vgl. auch: OIKOS, Haushalt und Wohnen im Wandel, Ausstellungskatalog hrsg. von Michael Andritzky, Gießen 1992, S. 156 ff.

2
Glas - Das Erfolgsgeheimnis eines Universalwerkstoffes, hrsg. vom Bundesverband Glasindustrie und Mineralfaserindustrie e.V., Düsseldorf 1996, S. 47

3
Im folgenden nach:
Andrian-Werburg, Bettina von, Gebrauchsglas 1800-1845, Kassel 1993.
Glocker, Winfried, Glastechnik, München 1992. (=Technikgeschichte im Deutschen Museum)

4
vgl. OIKOS, a.a.O.

5
Heyl, Hedwig, Kochvorschriften mit Berücksichtigung der vegetarischen Küche: Einkauf, Aufbewahrung, Vorbereitung von Lebensmitteln und Resteverwertung, 2. Aufl. Berlin 1914, S. 465.

6
Heyl, Hedwig, a.a.O., S. 465.

7
Ebd.

8
Große, Loni, Praktische Winke für den Haushalt der Breslauer Hausfrau, Dresden, o.J., o.S.

9
Zitate wie dieses finden sich in der zeitgenössischen Kochbuchliteratur des 19. Jh. häufig. So hat sich beispielsweise auch Henriette Davidis in ihrer 1849 erschienenen Anleitung „Die Hausfrau" dazu geäußert, S. 347

10
In zeitgenössischen Kochbüchern des 19. Jh. ist weniger von ‚desinfizieren' als von „conservirung" die Rede: Königs Kochbuch für die bürgerliche Küche, Berlin o.J., S. 196
„...einfachste Verfahren, die Früchte zu ‚konservieren'...": Allg. Dt. Kochbuch für alle Stände, hrsg. von Sophie Wilhelmine Scherbler, Leipzig, 1898, S. 487
Hinsichtlich der Auswirkungen des Schwefelns auf die Nahrung: L. Hagers Handbuch der Pharmazeutischen Praxis für Apotheker, Ärzte, Drogisten und Medizinalbeamte, hrsg. von B. Rische und C. Hertwich. Bd. 2. Berlin 1920, S. 994

11
Pratho, Katharina, Die süddeutsche Küche. II. verb. Aufl., Graz 1876, S. 544, 552

12
Heyl, Hedwig, Kochvorschriften, a.a.O., S. 465

13
Andrian-Werburg, Bettina von, a.a.O., S. 26 f.

14
Andrian-Werburg, Bettina von, a.a.O., S. 28

15
Andrian-Werburg, Bettina von, a.a.O., S. 42

16
Ebd.

17
Gross, Herbert, Die Zukunft der Glasverpackung, in: Andrian-Werburg, Bettina von, a.a.O., S. 42

18
Ebd. vgl. auch: Giegerich, W. / Trier, W., Aufbau und Betrieb der Maschinen. Zur Formgebung des heißen Glases, Berlin, Göttingen, Heidelberg 1964, S. 38

19
Giegerich, W. /Trier, W., a.a.O., S. 38

20
Böth, Gitta, TKD 32, S. 19

21
nach: Schwietzer, Albert, Bierflaschen, Niederrheinisches Freilichtmuseum Grefrath, Viersen

22
nach: Böth, Gitta, TKD 32, S. 21

23
Ebd.

24
Im folgenden nach: Ritterbrauerei AG, Dortmund, 1997

25
Interview von Astrid Bergmeister mit Frau Behland, Carl Kühne COKG, Hamburg, Juli 1997

26
Interview von Astrid Bergmeister mit Herrn Mahlow, Firma Zamek Nahrungsmittelfabriken GmbH & CoKG, Düsseldorf, August 1997

27
Interview von Astrid Bergmeister mit Herrn Eberhard Hackelsberger, Firma J. WECK GmbH u. Co, März 1997

28
Interview von Astrid Bergmeister mit Frau Ursula Klages, Petershagen / Weser, Juni 1997

29
Ebd.

30
Ebd.

31
Interview von Astrid Bergmeister mit Herrn Eberhard Hackelsberger, Firma J. WECK GmbH u. Co, a.a.O.

32
nach: OIKOS, a.a.O., S. 235 f.

33
OIKOS, a.a.O., S. 231

34
nach: Hilck, Auf dem Hövel, Jenseits von minus Null. Die Geschichte der deutschen Tiefkühlwirtschaft, Köln 1979

35
OIKOS, a.a.O., S. 254

36
OIKOS, a.a.O., S. 248

37
OIKOS, a.a.O., S. 250

38
ebd.

39
OIKOS, a.a.O., S. 249

40
Interview mit Sven Mahlow, a.a.O.

41
Interview mit Herrn Eberhard Hackelsberger, a.a.O.

42
Interview von Astrid Bergmeister mit Herrn Jürgen Dietz, Oberland Glas AG, März 1997

43
OIKOS, a.a.O., S. 249

44
Interview mit Sven Mahlow, a.a.O.

45
Ebd.

46
Ebd.

47
nach: Interview von Astrid Bergmeister mit Frau Roswitha Beland, Carl Kühne CoKG, Hamburg, Juli 1997

48
nach: Institut für Demoskopie, Allensbach am Bodensee (Hg.): Gemüse- und Obstkonserven - Marktanalyse 1956, durchgeführt im Auftrag der Franck und Kathreiner G.M.B.H., Kaffeemittelfabriken, Ludwigsburg. Akte im Bundesarchiv Koblenz, Bestand ZSG 132, 544I Gemüse und Obstkonserven, S. 3

49
Institut für Demoskopie, a.a.O., S. 13

50
Ebd.

51
Institut für Demoskopie, a.a.O., S. 34

52
Ebd.

53
Ebd.

54
Institut für Demoskopie, a.a.O., S. 35

55
Institut für Demoskopie, S. 38f.

56
Ebd.

57
Ebd.

58
Ebd.

59
Institut für Demoskopie, a.a.O., S. 66

60
Ebd.

61
Ebd.

62
Interview mit Herrn Sven Mahlow, a.a.O.

63
nach: Liedtke, Rüdiger, Wem gehört die Republik? Gütersloh 1994

64
Interview mit Sven Mahlow, a.a.O.

65
nach: Schierz, J., Die Verkleinerung der Haushalte, in OIKOS, a.a.O., S. 188

66
Interview mit Sven Mahlow, a.a.O.

67
Interview von Astrid Bergmeister mit Roswitha Behland, Carl Kühne CoKG Hamburg, Juli 1997

68
Interview von Astrid Bergmeister mit Supermarktkund/innen, Dortmund, Oktober 1997

69
Ebd.

70
Ebd.

71
Ebd.

72
Ebd.

73
Ebd.

74
Ebd.

75
nach: Interview von Astrid Bergmeister mit Ulrike Mößner von der Firma Aramark, Juli 1997

76
nach: Meroth, Petra, Der programmierte Genuß, in OIKOS, a.a.O., S. 258

77
Interview mit Herrn Sven Mahlow, a.a.O.

78
nach: Grimm, Hans-Ulrich, Die Suppe lügt,
Die schöne neue Welt des Essens, Stuttgart 1997, S. 52

79
Interview mit Herrn Sven Mahlow, a.a.O.

80
nach: Interview mit Herrn Jürgen Dietz, Oberland Glas AG, Bad Wurzach, März 1997

81
Ebd.

82
Ebd.

83
Ebd.

84
nach: Genossenschaft Deutscher Brunnen (Hg.): Das Mehrwegsystem der Genossenschaft deutscher Brunnen (GDB); Informationsbrochüre 1996

85
Interview von Astrid Bergmeister mit Herrn M. Wolf, Genossenschaft Deutscher Brunnen, Bonn, April 1997

86
nach: GDB, Das Mehrwegsystem

87
nach: Oberland Glas AG (Hg.): Leicht Glas, Informationsbroschüre

88
nach: KRONES magazin, Neutraubling, September 1997

89
Oberland Glas AG, Leicht Glas

90
Pomian, Krzysztof, Der Ursprung des Museums, Berlin, 1987, S. 7

91
Interview von Stefanie Geißler mit Herrn Albert Schwiezer, 1996

92
Ebd.

93
Ebd.

94
Ebd.

95
Ebd.

96
Ebd.

97
Ebd.

98
Ebd.

Bildnachweis

Fotografien von Martin Holtappels, außer:

S. 13 Pilkington Flachglas AG, Gelsenkirchen

S. 14 / 15 Jochen Gassner, Oberland Glas AG

S. 16 unten: Herr Staack, Weißwasser

S. 17 Grafik Slg. WIM, Postkarte Slg. WIM

S. 18 Postkarte Slg. WIM

S. 19 Foto Slg. WIM, Postkarte Slg. WIM

S. 20 / 21 alle Fotos: Jochen Gassner,
alle Zeichnungen nach: Danske flasker,
Kopenhagen 1984, bearbeitet von
Astrid Bergmeister

S. 22 / 23 Jochen Gassner, Oberland Glas AG

S. 24 Annette Hudemann, WIM

S. 27/28 Alle Zeichnungen nach: Danske flasker, Kopenhagen 1984, bearbeitet von Astrid Bergmeister

S. 29 Grafik Slg. WIM, Zeichnungen aus : Große, Loni, Praktische Winke für den Haushalt der Breslauer Hausfrau, Dresden, o.J.

S. 36 Grafik Slg. WIM

S. 37 Grafik Slg. WIM

S. 38 Zeichnung Slg. WIM

S. 39 Foto unten: Slg. WIM

S. 41 Zeichnungen aus: Andrian-Werburg, Bettina von, Gebrauchsglas 1800-1945, Kassel 1993, S. 28

S. 42 Giegerich, W. / Trier, W., Aufbau und Betrieb der Maschinen. Zur Formgebung des heißen Glases, Berlin, Göttingen, Heidelberg, 1964

S. 43 Ebd.

S. 44 Zeichnungen Astrid Bergmeister

S. 45 Grafiken Slg. WIM,
Zeichnung Astrid Bergmeister

S. 46 Foto linke Spalte: Firma Carl Kühne CoKG

S. 47 Deckblatt der Anleitung „Bereite mit Opekta in 10 Minuten Marmeladen, Gelees, Süßspeisen

S. 48 Werbeplakat von WECK, 1932

S. 49 Werbeplakat von WECK, 1907

S. 50 Werbeplakat von WECK, 30er Jahre

S. 51 Werbeplakat von WECK, 1930
Fotos rechte Spalte: Westfälisches Freilichtmuseum Detmold, Landesmuseum Für Volkskunde, Historische Bildquellensammlung

S. 52 oben: Aus einer Werbebrochüre von J. WECK CoKG, Wehr-Öflingen; rechts unten: s. S. 53

S. 53 oben: s. S. 51; unten: Astrid Bergmeister

S. 55 WECK-Anzeige

S. 56 aus: Das Buch der sauren Arbeit, Carl Kühne CoKG, Hamburg

S. 58: KRONES magazin, Deutsche Ausgabe September 1997, S. 12 (Firmenmagazin)

S. 59 aus: Kühne heute, Carl Kühne CoKG, Hamburg
Fotoalbum der Dortmunder Union Ritter-Brauerei GmbH

S. 60 OIKOS, anabas-Verlag Gießen, S. 255

S. 61 aus: Kühne heute

S. 64 Zamek Nahrungsmittelfabriken GmbH und CoKG

S. 70 OIKOS, anabas-Verlag Gießen, S. 211

S. 71 links unten: Gut eingekauft, REWE Verlag Köln, rechts oben: Carl Kühne CoKG

S. 75 OIKOS, anabas-Verlag Gießen, S. 260

S. 76 Jochen Gaßner, Oberland Glas AG

S. 77 Jochen Gaßner, .a.a.O.

S. 78 Oberland Glas AG, Anzeige

S. 83 Jochen Gaßner, Oberland Glas AG

S. 84/85 associated press, Diether Endlicher

S. 86 Deutsche Informationszentrale Mineralwasser, Bonn

S. 87 Michael Kretzer, Frankfurter Allgemeine Zeitung, Erstveröffentlichung 2.11.1998

S. 88/89 Deutsche Informationszentrale Mineralwasser, Bonn

S. 90 Anzeige Denossenschaft Deutscher Brunnen

S. 91 Anzeige Dortmunder Union-Ritter Brauerei GmbH

S. 94-101 Berthold Socha

Nachsatzpapier Jochen Gaßner, Oberland Glas AG

Literaturverzeichnis

* Allgemeines Deutsches Kochbuch für alle Stände, hrsg. von Sophie Wilhelmine Scherbler, Leipzig1898
* Aufbau und Betrieb der Maschinen. Zur Formgebung des heißen Glases, Giegerich, W./ Trier, W., Berlin, Göttingen, Heidelberg, 1964
* Beruf der Jungfrau, Davidis, Henriette, Oberhausen 1988
* Danske flasker, Schlüter, Morgens, Kopenhagen 1994
* Das Buch der sauren Arbeit, Carl Kühne CoKG, Berlin, Hamburg 1938
* Das ist Kühne heute, o.J.
* „Denk' dran, schaff' Vorrat an (Landwirtschaftsmuseum Heide)
* Der Wandel der Nahrungsgewohnheiten unter dem Einfluß der Industrialisierung Teuteberg / Wiegelmann, Göttingen 1972
* Die Suppe lügt, Hans-Ulrich Grimm, Stuttgart 1 1997
* Die neue Einmachkunst, Georganne Brennan, Kathryn Kleinmann, Hamburg 1997
* Die süddeutsche Küche, II. verb. Aufl., Graz 1876
* Die gute Hausfrau des Biedermeiers, Weber-Kellermann, München 1983
* Das Einmachen aus: Das Elektrische Kochen, Berlin 1951
* Das Frischhalten von Lebensmitteln mit den Weckschen Einrichtungen
* Dissertation von Dr. Peter Nitzsche, veterinärmedizinische Fakultät Universität Leipzig, Bundesinstitut für Fleischforschung
* Die Aufbewahrungskunst, Friedrich Dransberg, Leipzig 1833
* Einmachen! Eike Linnich, München 1996
* Einwegverpackungen der Getränkeindustrie Dr. Martin Laupheimer, Braunschweig
* „Frischhaltung" von WECK
* Glastechnik, Winfried Glocker, Deutsches Museum, München 1992
* Glasherstellung, Brigitte Jaschke, Deutsches Museum, München, 1996
* Gebrauchsglas 1800-1845, Bettina von Andrian-Werburg, Kassel 1993
* Geschichte des modernen Lebensstils, Essen, Wohnen, Freizeit, Reisen. Ursula A.J. Becher, München 1989
* Glas. Ein unterhaltsamer Streifzug durch Geschichte und Gegenwart eines faszinierenden Stoffes, Walter Nachtigall, Volker Oppitz, Eduarad Pech, Hans-Joachim Pohl, Berlin 1988
* Glas zum Gebrauch, Ingolf Bauer, München 1996
* Glas- Das Erfolgsgeheimnis eines Universalwerkstoffes, hrsg. vom Bundesverband Glasindustrie und Mineralfaserindustrie e.V., Düsseldorf 1996
* Gut eingekauft, Ein Wegweiser durch die Welt der Lebensmittel, Köln 1997
* Industrialisierung, Arbeiterschaft, Arbeiterbewegung in Bielefeld, Karl Ditt, Dortmund 1982
* Jenseits von minus Null, Die Geschichte der deutschen Tiefkühlkost, Hilck / Auf dem Hövel, Hamburg 1979
* Kochvorschriften mit Berücksichtigung der vegetarischen Küche: Einkauf, Aufbewahrung, Vorbereitung von Lebensmitteln und Resteverwertung, Heyl, Hedwig, 2. Aufl. Berlin 1914
* Königs Kochbuch für die bürgerliche Küche, o.J.
* Krautfaß & Schmalzhafen Konservieren und Aufbewahren von Nahrungsmitteln im Spiegel lebensgeschichtlicher Erzählungen von Bäuerinnen
* KRONES magazin, Neutraubling, (Firmenmagazin deutsche Ausgabe), September 1997
* Künstliche Kälte, Ullrich Hellmann, Gießen 1990
* L. Hagers Handbuch der Pharmazeutischen Praxis für Apotheker, Ärzte, Drogisten und Medizinalbeamte, hrsg. von B. Rische und C. Hertwich, Bd. 2, Berlin 1920
* OIKOS, Haushalt und Wohnen im Wandel, Ausstellungskatalog, hrsg. von Michael Andritzky, Gießen 1992
* Produktmaterial Oberland Glas: Recycling, Produktion, Marketing, Bad Wurzach 1997
* Praktische Winke für den Haushalt der Breslauer Hausfrau. Loni Große, Dresden, o.J.
* Ritterbrauerei Dortmund, 1997
* Technische Kulturdenkmale (TKD) 32
* Technik der Glasherstellung, G. Nöle, Leipzig 1977

* Von Konservendosen und Einmachgläsern
Wiegelmann / Droste, Münster 1998

* Von Dörrkästen und Blechbüchsen
Einkochen bei Henriette Davidis, G. Luthers

* Vom kleinen Wohlstand, Michael Wildt,
Hamburg 1994

* Vorratskocher ‚Rex' ist der Beste, Bad Homburg
1917

* Warum? Weshalb? Wieso? 100 Fragen über Glas
(Wirtschaftsglas), Hans Friedl, 1986

* Werbematerial der Informationszentrale
Deutsches Mineralwasser, Bonn 1997

* WECK-Einkochbuch, Wehr-Öflingen 1994

Zu den Autoren

Astrid Bergmeister
Geboren 1962 in Köln.
Sie studierte Lehramt für Kunst und Gesellschaftslehre sowie Visuelle Kommunikation an der Gesamthochschule Kassel.
Freiberufliche Ausstellungsgestaltungen und -konzeptionen, Grafikerin.
Wissenschaftliche Museumstätigkeit, u. a. für das Westfälische Industriemuseum Dortmund

Martin Holtappels
Geboren 1953 in Emmerich / Rh.
Er studierte Ethnologie und Germanistik.
Ausbildung im Fotografenhandwerk.
Fotograf am Westfälischen Industriemuseum seit 1991.

Stephanie Geißler
Geboren 1964 in Bonn.
Sie studierte Geschichte, Stadtplanung und Geschichte in Bielefeld und Berlin.
Zur Zeit promoviert sie an der Universität Bielefeld.